LOCUS

LOCUS

LOCUS

LOCUS

touch
對於變化,我們需要的不是觀察。而是接觸。

touch 8
80/20 法則【精修完整版】
21 世紀工作與生活中，
避無可避的核心求生法
作者：理查・柯克（Richard Koch）
譯者：謝綺容、趙盛慈（編輯協力）
責任編輯：陳郁馨、吳瑞淑（四版）、潘乃慧（五版）
封面設計：許慈力
校對：呂佳真
出版者：大塊文化出版股份有限公司
www.locuspublishing.com
105022 台北市南京東路四段 25 號 11 樓
讀者服務專線：0800-006689
TEL：(02) 87123898　FAX：(02)87123897
郵撥帳號：18955675
戶名：大塊文化出版股份有限公司
法律顧問：董安丹律師、顧慕堯律師
版權所有　翻印必究

The 80/20 Principle: Achieve More with Less 4th Edition by RICHARD KOCH
Copyright © Richard Koch 1997, 1998, 2007, 2017, 2018, 2022
First published in 1997
This revised 4th edition published in 2022 by Nicholas Brealey Publishing, an imprint
of John Murray Press, a division of Hodder & Stoughton Ltd, an Hachette UK company
Copyright © Richard Koch 1997, 1998, 2007, 2017, 2018, 2022
Although the author expresses a view on the likely future performance of certain investment instruments,
this should not be taken as an incitement to deal in any of them, nor is it to be regarded as investment advice.
Each individual should consider their investment position in relation to their own circumstances
with the benefit of professional advice. No responsibility can be assumed by either the author or the
publisher for investment or any other decisions taken on the basis of views expressed in this book.
This edition arranged with HODDER & STOUGHTON LIMITED through BIG APPLE AGENCY, INC.
LABUAN, MALAYSIA. Traditional Chinese edition copyright © 2025 Locus Publishing Company
All rights reserved.

總經銷：大和書報圖書股份有限公司
地址：新北市新莊區五工五路 2 號
TEL：(02) 89902588　FAX：(02) 22901658
初版一刷：1998 年 11 月　五版二刷：2025 年 9 月

定價：新台幣 450 元　Printed in Taiwan

21世紀工作與生活中,避無可避的核心求生法

THE 80/20
PRINCIPLE
ACHIEVE MORE
WITH LESS

RICHARD KOCH
理查・柯克——著　謝綺蓉、趙盛慈——譯

精 修 完 整 版

長久以來,帕列托法則(80／20法則)在經濟世界裡蹣跚而行,如風景中的一塊奇石。但至今無人能解釋這條實用的法則。

——約瑟夫・史丹德爾(Josef Steindl)

上帝和整個宇宙玩骰子,但這些骰子被動過了手腳。我們的主要目的,是去瞭解它被用什麼手法動了手腳,我們又該如何使用這些手法,來達到自己的目的。

——約瑟夫・福特(Joseph Ford)

我們不能確定,在朝向完美的路上,人類究竟能進步到何種程度。因此我們大可以做一個不致錯誤的結論:這世上的每個時代都曾增進,至今財富、幸福、知識,乃至人類的美德,都持續比前一時代增進。

——愛德華・吉朋(Edward Gibbon)

目次

11　第四版增訂序——80／20法則精華！

第一部　序曲

15　第1章　暖身——歡迎來認識80／20法則

23　第2章　行前訓練——不平衡現象的思考與分析

第二部　企業的80／20成功法則

48　第3章　早就不是祕密——從戴明與朱蘭談起

75

第4章　為策略做體檢──努力不是錯，但方向要正確　94

第5章　單純就是美──複雜為浪費之母　125

第6章　最重要的客人──某些顧客永遠是對的　144

第7章　另外四大運用──決策・庫存・專案・談判　163

第8章　善用槓桿原理──關鍵少數給你好處　178

第三部　個人的80／20幸福法則　191

第9章　少做多賺多享受──以享樂為生活企圖　191

第10章　存在以快樂為目的──兩種方法，七大習慣　203

第11章　放下管理，進行革命——時間真的不夠用嗎？　224

第12章　人生所為何事——檢查你的生命重點　249

第13章　朋友不在多——村莊理論的啟發　263

第14章　懶人成功法——培養有創造力的懶惰　279

第15章　投資十誡——以錢滾錢非難事　301

第16章　直覺力——開發你的潛意識力量　318

第四部　80／20的未來

347　第17章　靠80／20網絡效應成功──資源集中，勝算更大

362　第18章　集中程度向極端傾斜──當80／20變99／1的網絡商道

376　第19章　占據80／20未來先機──樂在其中，以少得多

387　結語

389　註釋

403　提摩西・費里斯的訪談錄

413　謝辭

本書謹獻給提摩西・費里斯（Tim Ferriss），
這位現代版的馬可斯・奧理略（Marcus Aurelius）

第四版增訂序

我在二〇二〇年末受邀參加《提摩西費里斯秀》(The Tim Ferriss Show)。這是一次非常棒的經驗。我從未接受過這麼長的訪問，時間總共超過了一百五十分鐘。訪問結束之後，我收到廣大的回響，非常開心，也倍感榮幸。我半開玩笑說，參加《提摩西費里斯秀》是我前半人生跟後半人生的分水嶺，帶給我極佳的投資機會，我也因此結識幾位新朋友，更讓我瞭解到，謝絕百分之九十九．九九的提案和邀約有多麼重要。《提摩西費里斯秀》大大提高了我的書籍銷量，尤其是《80/20法則》。

有鑑於本書銷量已達數百萬本，我思忖可以嘗試新的作法，亦即從頭大幅修改一本已經出版的著作。雖然改版不像從無到有寫一本新書那麼花時間，困難度卻更高。我從一開始就打定主意，儘管加入許多新素材，我不要增加整本書的篇幅。如果你沒有寫過書，可能不曉得作家有多奇怪，也不曉得我們超級**討厭**刪減寫進書中的文字。著作就是我們的孩子，要把孩子縮小實在很

痛苦。那些文字也同意這一點，它們用尖叫聲抗議自己遭到虐殺。

但是我辦到了。我相信，成果就是這本更好讀、更清晰、更有助益的書。如果你買過舊版，請你來評斷；如果沒有，請相信我！我對成果很滿意，而且我是非常挑剔的人，這點有朋友跟同事可以替我作證。

在此同時，如同我在第三版的書序所寫的，80／20法則正在向前邁進，拓展至全新的高度──不只是這本書而已，80／20法則本身也是。在過去十幾二十年間，商業、社會、我們的個人生活，以及我們對80／20法則如何運作、為何運作、有怎樣的理解，統統出現了劇烈的變化，大幅增補內文有其必要。

80／20法則從未像現在這樣無所不在，這樣重要。過去，這個法則讓運用它的人擁有強大的優勢。未來，對所有想要成功或得到快樂的人來說，它將成為**重要**（或說**不可或缺**）的工具。

既然如此，過去幾年發生了什麼事呢？簡而言之，主要有三件事：

一、由上而下的大型組織正在讓位給網絡及網路（network）投資者，如蘋果（Apple）、Google、Facebook、優步（Uber）、亞馬遜（Amazon）、eBay、必發（Betfair）等網路企業，因為大型組織帶來高成長、高收益、高額現金的能力。這些網絡和網路組織正在主導社會，這就是80／20法則更加普遍的原因。

所有的網絡或網路都展現正回饋循環（positive feedback loop）的特質——大者恆大、富者恆富、有名者更有名，而且有利於世界的網絡（如網路企業和經常隨之產生的慈善機構），以及不利於世界的網絡（如販毒集團和 ISIS），都會變得更富裕、更有權力。

新增加的第十七章，將說明什麼是網絡和網路事業，以及為什麼有理智的人（假如他們有雄心壯志的話），都會為網絡或網路事業效力。

二、過去一個多世紀以來，我們辨識出的80／20形態始終非常一致，主要在70／30和90／10之間變化，目前則正快速提高到90／10和99／1的分配比例。

新增加的第十八章描述，向一方偏斜的因果分配，其偏斜的情形，將因為未必會發生的事情發生機率愈來愈高、財富快速轉型的影響愈來愈大，而偏斜得更加劇烈。

三、在成功與失敗、個人成就與焦慮不安、幸福快樂與悲慘淒涼之間，有幾個至關重要的經驗法則。新增加的第十九章，會描述五項應當遵守的超級法則。

我還發現一件事。本書前幾個版本當中，並未納入80／20法則最明顯的例子。新增加的第十六章，將描述你的潛意識，它會對你的人生帶來力量超大、極為有利的影響。這位躲起來的朋友，完全不需要有意識地付出努力，就能以超級快的速度運作，並且產生超級劇烈的影響。經過適當訓練，潛意識可以轉變你的人生。你只需要一點點努力，就能辦到——祕訣在於，如何訓

練、如何將訊息轉換成它能接收的樣子。

對於已經達到的成就，我衷心感謝各位讀者——你們是從中受惠的人，或許也是將福音傳播出去的人。我從各位的訊息和電子郵件得知，許多人覺得這個法則非常神奇。希望各位會一直這樣認為，非常謝謝大家。我是否觸動各位的生命還有待商榷，但我的生命絕對因各位而受到感動，對此我滿懷感謝。

理查‧柯克

richardkoch8020@gmail.com

二〇二二年一月寫於直布羅陀

80／20法則精華！

80／20法則的精義是什麼？

生活、商業、宇宙，萬事萬物都是歪斜的：

- 人生就是努力／投入／原因與報酬／產出／結果之間的角力。
- **但是**這樣的角力並不穩定，努力與報酬不會相稱。你可以透過簡單的作法，換取很棒的成績。有些事情則是難做又不見效，甚至帶來糟糕的結果。
- 80／20法則是從某些少數的作法、原因、想法、投入、時間運用、金錢和人力著手，帶來很棒的結果；其他多數作法容易使你事倍功半。
- 80／20法則的重點是找出少數能帶來成績的作法，並且只採用那些作法。避免埋頭苦幹、逆水行舟，所做的事情要有所選擇，把日子過得稱心如意。

- 一個有用的判斷基準是：百分之八十的結果，往往來自於百分之二十的投入或做事方法，所以稱為80／20法則。找出產生百分之八十報酬的百分之二十力量。

舉例來說，往往是那百分之二十的時間運用，為你帶來成績。好好運用百分之二十的人生，就能收穫百分之八十的快樂。百分之二十的投資，能為你產出百分之八十的獲利（後面會說明，如何將重心放在那百分之二十）。在你的朋友之中，有百分之二十的人，值得你多花時間經常相處。

- 80／20法則並非一成不變，它可以調整成70／30，甚至可以拉大到90／10或95／5。但是百分之五十的原因導致百分之五十的結果，這種情形少之又少。

儘管如此，80／20法則卻幾乎適用於所有狀況，我們不一定總能立刻察覺。你需要觀察並找出模式。本書將告訴你具體的作法。

然而，80／20法則幾乎可以運用到各個方面，而它在少數領域效果特別顯著，也就是少數的80／20法則，可以創造多數的價值。80／20法則可以在幾個主要方面幫助你改變人生，包括開創個人成就、發起時間革命、擇友而交、聰明地省力、賺錢、產生幸福快樂、善用潛意識和網絡。

最棒的是，只要少少投入，就能滿足人生成就等願望，包括：

- 在數百種創造非凡成就的方法之中，經常為人所用的僅有九種。
- 只有極少數的朋友為你帶來幸福快樂。
- 朋友除外，只有五件事能左右生活幸福，你可以掌控某一部分或一大部分。
- 我要介紹給你一套運用了將近四十年、效果卓著的生財之道。
- 人們直到現在才逐漸瞭解，潛意識對我們的生活影響重大，而且我們可以透過少數作法，讓這位躲起來的朋友發揮最大效益。

80／20法則的目標是找出：哪些**少數的投入**，能創造驚人的**產出**。

有趣的是，我們在生活與工作上某些重要的投入，也是極為關鍵的產出，兩者往往相輔相成並以倍數增長。我將這層關係稱為**帕列托投入與產出**的關係。其名稱來自開創80／20法則研究先河的經濟學者帕列托（Vilfredo Pareto）。

具體例子包含：時間、金錢、經驗、知識、技能、洞見、腦力、友情、人際關係、網絡、精力、成功、幸福。

這些重要的投入會同時或在其他過程中，成為重要的產出，既可以是原因，也可以是結果；某個重要活動的結果，往往會推動另一個重要的活動。

我們可以在金錢上，輕鬆看見這一點，金錢既可以是原因，也可以是結果。人們運用金錢來

創立公司或擴大公司規模，其結果通常是賺進更多的錢：只不過，比例往往符合80／20法則。新創事業有一大部分的報酬，來自於極少數的新創公司。世界上雖然有像亞馬遜、蘋果這樣，為老闆創造出驚人財富的公司，卻有一大堆從未替任何人創造鉅額財富的新創事業。

個人的成功與成就道理相同──只有極少數人能創造出極端的成就和足以改變世界的豐功偉業。小成就往往會衍生更大的成果；隨著成功的空氣愈來愈稀薄（確實如此），能呼吸到成功空氣的人數正大幅驟降。

幸福快樂則是比較能夠平均分配，原因或許在於，這基本上並非一種經濟現象。然而，幸福快樂同樣是成功的因與果，而且縱使我們不樂於承認，幸福快樂往往也是財富的因與果。快樂雖然較不明顯，但它就像金錢，會以倍數急遽增長──快樂的父母更有可能養育出快樂的小孩，反之亦然。

以80／20的角度來看幸福這件事，它是我們必須追求的特質，在本質上也是一種選擇。若有少數一些因素可以創造無比的快樂，而我們善用這些因素來提升幸福感，此時我們不只是在幫助自己，也透過對他人的影響，將幸福感傳遞出去，讓更多人變得更快樂。這種影響雖然眼不見，卻能引發不斷的連鎖效應，同時說明了，認識80／20法則的重要性和好處。

謝謝你閱讀這篇新寫的「80／20法則精華」。如果你覺得寫得太長，我不打算道歉，因為這是整本書的引言與摘要。書中各章節的最前面，還有更簡短的「80／20法則精華」。

希望現在的你很想趕快知道，80／20法則究竟能為你辦到什麼，以及它能如何在幫助你之外，也幫助到更多其他的人。

第一部

序曲

1 暖身
歡迎來認識80／20法則

長久以來，帕列托法則在經濟世界裡蹣跚而行，如風景中的一塊奇石。但至今無人能解釋這條實用的法則。

——在一九六五年出版的一本討論帕列托法則（即80／20法則）的書中，史丹德爾如是說 1

80／20法則精華

- 基本的原則：百分之八十的結果，來自於一小部分（約百分之二十）的原因、投入或努力。
- 因此，絕大多數的力氣或資源，都是被嚴重浪費掉。
- 當你找出形成百分之八十結果的那百分之二十原因，你將少花很多時間工作、更享受人生，並賺進更多金錢。

第一部　序曲

此時，你需要一位認識且善用80／20法則的雇主或老闆，或由你自己當老闆。

其實，80／20法則可以、也應該被聰明人應用於日常生活、組織、團體及社會裡。這條法則能幫助個人及團體，花較少的力氣，獲得更多的利益。80／20法則能增進個人的效率和快樂，增加公司的收益及任何組織的效率，甚至是降低公共服務成本，並提升其質和量的關鍵。本書為第一本關於80／20法則的書籍。[2] 作者對於80／20法則懷有強烈信心，而此法則經由許多人和企業的親身實證，是處理和超脫現代生活壓力的絕佳方法。

什麼是80／20法則

80／20法則主張：一小部分的原因、投入或努力，通常可以產生大部分的結果、產出或報酬。就字面意義來看，這法則是說，你所完成的工作裡，百分之八十的成果，來自於你所花的百分之二十時間。如此說來，針對所有實際的目標，我們五分之四的努力（也就是大部分的努力）是與成果無關的。這情況有違一般人的預期。

所以，80／20法則指出，在原因和結果、投入和產出，以及努力和報酬之間，本來就是不平衡的。80／20的關係，提供這個不平衡現象一個非常好的指標：典型的模式會顯示，百分之八十

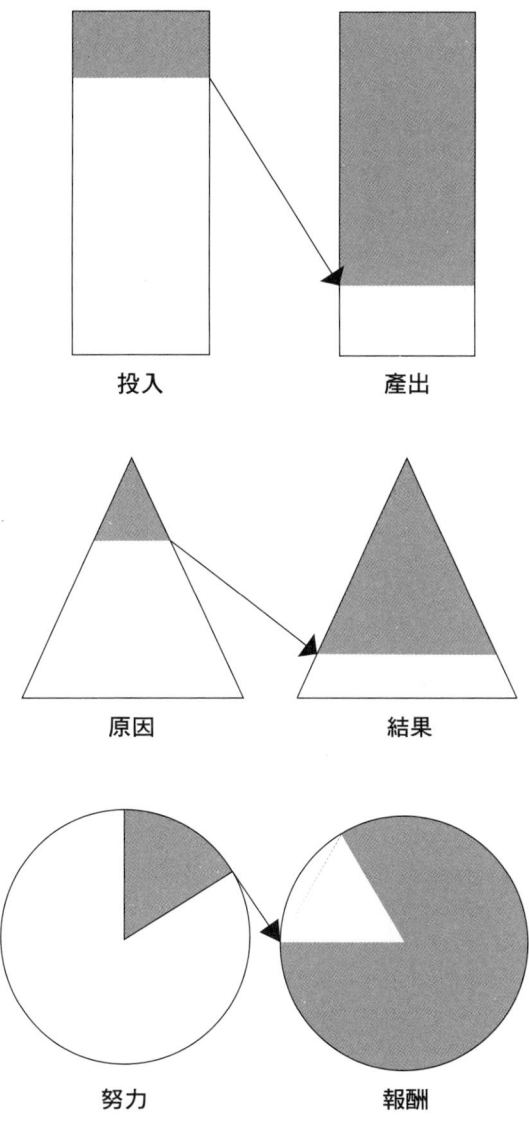

80/20法則

的輸出，源自百分之二十的輸入；百分之八十的結果，來自百分之二十的原因；百分之八十的成績，歸功於百分之二十的努力。上頁的圖表示出這些典型的模式。

在商業世界裡，出現許多80／20法則的情況：百分之二十的產品，或百分之二十的客戶，通常占該企業組織約百分之八十的獲利。涵蓋了約百分之八十的營業額。百分之二十的產品或顧客，通常占該企業組織約百分之八十的獲利。

在社會上，百分之二十的罪犯占了所有罪行的百分之八十。百分之二十的汽車駕駛人，引起百分之八十的交通事故。百分之二十的已婚者，占離婚人口的百分之八十（那些不斷再婚又再離婚的人，扭曲了統計的數字，讓人對婚姻的忠誠度大感悲觀）。百分之二十的孩子，達到百分之八十的教育水準。

在家中，百分之二十的地毯面積可能有百分之八十的磨損。百分之八十的時間裡，你穿的是你所有衣服的百分之二十。如果你有一只保全警報器，百分之八十的錯誤警示，是由百分之二十的原因造成的。

而引擎更是80／20法則極好的明證：百分之八十的能源浪費在燃燒上，只有百分之二十可以傳送到車輪；而這百分之二十的投入，卻能產生百分之百的產出！[3]

有系統又可預測的不平衡

一八九七年，義大利經濟學者帕列托（Vilfredo Pareto, 1848-1923），發現了80／20法則。後人

對於他這項發現有不同的稱呼，例如：帕列托法則（Pareto Principle）、帕列托定律（Pareto Law）、80／20定律（80/20 Rule）、最省力法則（Principle of Least Effort）、不平衡原則（Principle of Imbalance）。以上這些名稱，在本書中一律稱為80／20法則（80/20 Principle）。80／20法則對許多重要人物造成潛在的影響，特別是商業人士、熱中於電腦的人和品管工程師，也因此，80／20法則在現代世界的成形過程，扮演了重要角色。然而，本法則至今仍是一大祕密，即便懂得使用80／20法則的菁英，至今也只開發了本法則一小部分的威力而已。

帕列托究竟發現了什麼？他偶然中注意到，十九世紀英國人的財富流向少數人手裡。或許這沒有什麼好大驚小怪，但他同時發現兩件他認為非常重要的事實。其中一項為：某個族群占總人口數的百分比，和該人口群所享有的總收入或財富之間，有一項一致的數學關係。[4] 我們可以從帕列托的研究歸納出一個結果：簡單地說，如果百分之二十的人口享有百分之八十的財富，那麼你可以預測，其中百分之十的人擁有約百分之六十五的財富，而百分之五十的人所擁有。重點不僅是百分比，更在於一項事實：財富在人口中的分配是**不平衡**的，而這是可預測的事實。

帕列托真正感到興奮的是另一項發現，那就是這種不平衡的模式會重複出現，他在不同時期或不同國度都見到這種現象。不管是早期的英國，還是與他同時代的其他國家，或更早期的資料，他發現相同的模式一再出現，而且有數學上的準確度。

這到底是什麼？是一種奇特的巧合，還是某種對於經濟和社會影響甚鉅的東西？在非關財富或收入方面的資料，也可以用它來說明嗎？這是一大創舉，因為在帕列托之前，沒人注意到兩組資料的相關性，進而比較兩組資料的百分比；就帕列托的例子來說，他是把財富或收入的分配，與所得者或財產擁有者的數目拿來比較（現在，運用這方法是常事，且已造就商學和經濟學上的重大突破）。

可惜，儘管帕列托知道這一連串發現的重要性，他闡釋說明的工夫卻不行。後來他做了許多有趣、但雜亂無章的社會研究，以菁英分子的角色為研究中心，卻在他晚年被墨索里尼的法西斯黨剽竊。因此在那個時代，80／20法則的重要性並未彰顯。儘管有些經濟學者，特別是美國學者意識到它的重要性，[6]要到第二次世界大戰之後，才有兩位實力相當、但截然不同的先驅者開始運用80／20法則，引起世界騷動。

一九四九年：吉普夫的最省力法則

其中一位是哈佛大學的語言學教授吉普夫（George K. Zipf）。一九四九年，吉普夫發現「最省力法則」。但「最省力法則」實際上是對帕列托法則的重新發現與闡釋。吉普夫法則認為：資源（人、貨物、時間、技能、或任何有生產力的東西）總是會自我調整，以求將工作量減少，而大約百分之二十至三十的資源，與百分之七十至八十的資源活動有關。[7]

一九五一年：朱蘭的關鍵少數規則與日本的興起

80／20法則的另一位先驅是偉大的品質導師、羅馬尼亞裔的美國工程師朱蘭（Joseph Moses Juran, 1904-2008），他正是五〇至九〇年代品質革命的幕後功臣。在他口中有時叫作「帕列托法則」，有時叫「關鍵少數規則」的原則，成為追求產品高品質的同義詞。

朱蘭在一九二四年加入西方電器（Western Electric），這是貝爾電話公司的設備製造分部。一開始，他擔任工業工程師，其後成為世界品質顧問的一位前輩。

他最偉大的地方是使用了80／20法則，同時採用其他統計方法，根除了品質上的毛病，而且提升了產業與生活消費品的可靠度與價值。朱蘭的《品管手冊》（Quality Control Handbook）在一九五一年出版，是一本劃時代的著作。書中大大頌揚了80／20法則⋯

吉普夫教授利用人口統計、書籍、文獻與工業行為，來說明這種一致且重複出現的不平衡現象。舉例來說，他分析了一九三一年費城某個由二十個街區組成的範圍發出的結婚證書，發現其中百分之七十的婚姻締結者，居住距離皆在該區直徑的百分之三十以內。

附帶一提，吉普夫也用另一個法則，為散亂的書桌提供一個科學理由：「使用頻率較高的東西比較靠近我們。常用的檔案不必歸檔！」

經濟學者帕列托發現，財富分配也是不均的（與朱蘭觀察到的品質缺失一樣）。這在其他許多例證中也可以找到：犯罪行為在罪犯身上的分布，意外事件在危險過程中的分布等等。帕列托的不均等分布法則，也能解釋財富分配與品質不良的分布。

然而，當時美國大部分的企業家都對朱蘭的理論興趣缺缺。他留在日本，與幾家日本公司共事，轉變了生活消費品的價值與品質。一九七〇年後，美國工業受到日本的威脅，朱蘭才受到西方的尊重。後來他重回美國懷抱，為美國工業進行他為日本人做過的改革。80／20法則就是這場全球品質革命的中心思想。

六〇到九〇年代：運用80／20法則而躍進

在發現並運用80／20法則的企業當中，IBM是最早也是最成功的一家。這說明了，為什麼一九六〇到七〇年代，大部分電腦系統專家必須熟悉80／20法則。

一九六三年，IBM發現，一部電腦約有百分之八十的執行時間，花在百分之二十的執行指令上。於是，公司立刻重寫操作軟體，讓大部分的人都能容易接近這百分之二十，同時輕鬆使用，因此比起其他競爭者的產品，IBM製造的電腦更有效率，速度更快。

發展下一代個人電腦與軟體的公司，如蘋果、蓮花（Lotus）和微軟（Microsoft），更全力運用

80／20法則，讓自己的電腦更便宜好用，以利新一代的客戶——包括原先對電腦敬鬼神而遠之的「電腦白痴」。

贏家通吃

在帕列托之後的一百年，當超級巨星和新興專業的頂尖人物獲得天文數字般的薪資且不斷調漲，這時80／20法則也顯出其意涵。

這一百年來，人類致力於人均收入，但所得仍不平等。在美國，擁有股票的人也大量集中在少數家庭手中：百分之五的美國家庭，約占家庭所擁有股票的百分之七十五。類似結果也出現在美元扮演的角色：世界貿易幾乎有百分之五十是以美元作為交易單位，但美國只占全部貿易輸出的百分之十三。而在美國外匯存底是百分之六十四的時候，美國GDP占全球產出的百分之二十。如果不持續對症下藥，80／20法則的現象會一再出現。

詩壇亦然

我最近發現80／20法則有個尚未公開的嶄新世界。猜一猜是哪個領域？學術界終於發現，文學地位的分布也依循80／20的模式，而且比例更加懸殊。德瑞克・德索拉・普萊斯（Derek de Solla

Price）聽起來像是諷刺小說刻意發明的名字，但他其實是來自英國的物理與科學歷史學者。普萊斯發現，在所有的科學出版品當中，有百分之五十出自於，以科學作家總人數開平方根所得出的作家人數。*

緬因大學的心理學家馬汀戴爾（Colin Martindale）同樣發現，「文壇名氣的分布情形，大致貼合一條簡單的方程式」，也就是以猶勒（Udny Yule）和司馬賀（Herbert Simon）的模型所呈現的80／20法則。馬汀戴爾在全球規模最大的哈佛大學圖書館進行研究，發現館藏總共提及七百六十一位英國、法國、美國詩人。其中一位詩人（顯然是莎士比亞），在提及七百六十一位詩人的三萬四千五百二十六．四的書籍當中，有九千一百一十八冊是獻給他，只提及百分之〇．一的詩人，姑且可稱為26／0.1法則。排名前二十五的詩人（總數的百分之三），則有百分之六十五的書籍提及，亦可稱為65／3法則。令人唏噓的是，有一百三十四位詩人沒有任何一本著作提到──也就是符合了22／0法則！雖然極度不公平，卻再次證實，文壇名氣遵循更極端的80／20法則。

80／20法則為何如此重要？

因為80／20是反直覺的。我們總會預期，所有的原因大致上是一樣重要的：所有的顧客同樣重要；所有生意、每一種產品和每一分利潤都一樣好；某範圍的所有員工大致上有同等價值；我

們過的每一天或每一星期都同樣重要；所有的朋友對我們一樣重要；所有的諮詢或電話都應一視同仁；每一所大學都優秀；所有問題都有一大堆原因，不值得找出其中少數的關鍵原因；所有的機會都有近似價值，所以我們全都平等相待。

我們很容易假設，百分之五十的原因或投入，會造成百分之五十的結果及產出。我們有個先入為主的觀念，認為事情的因果會有一個相等的平衡——有時候的確如此。但這種「50／50的謬誤」，是最不正確且最有害，又最深植人心的概念。當我們檢視和分析兩組與因果有關的資料時，最可能的結果是出現一個不平衡的模式。這個不平衡可能是65／35、70／30、75／25、80／20、95／5或99.9／0.1，或是其他任何一個組合。

當我們知道真實的關係時，會被它的不平衡嚇一跳，無論那是何種程度的不平衡，通常都會超過我們的預期。高階主管可能本來就在心中揣測，某些顧客或產品比其他顧客或產品更能獲利，但當瞭解了其間真正的差異之後，他們多半很驚訝，甚至是震驚。老師可能知道，問題最多的學生或曠課情形來自少數學生，但仔細分析紀錄的話，不平衡的程度比預期來得大。我們也許

＊ Steven Sadler, 'A canon of collaboration: an interdisciplinary study of literary value as an individual experience', 未出版博士論文，Keele University, England，我在二○二○年十月八日透過電子郵件取得。非常感謝Sadler博士分享本節提及的資訊。

覺得，生活中某些時段比其他時段更寶貴，為什麼應該在意80／20法則？不論你知不知道原因，此原則都可以應用到你的生活、社交圈和工作場所！認識了80／20法則，能讓你看清楚四周到底發生了什麼事。

本書的最高宗旨是要告訴你，若運用了80／20法則，我們的日常生活能得到大幅改善：人人都能更有效率、更快樂；所有追求利潤的公司獲利更多；每個非營利組織的努力可以更有用；政府能為人民謀取更多福利；所有個人和組織，都能只用少少的努力、花費或投資，獲得更多的益處，同時避免產生負面價值。

這整個過程的重心，是一種替換過程。凡是在使用之後會減弱效果的資源，都不應再採用或應盡量少用；而能夠發揮強力效果的資源，應盡可能多用。每一項資源都應用在它最能顯出價值的地方。至於力量弱的資源，則應盡可能使之模仿強力資源的行動。

企業和市場運用此法則已有幾百年，成果極佳。約一八〇〇年時，法國經濟學者賽依（Jean-Baptiste Say）創造了「創業家」（entrepreneur）這個詞，認為「創業家改善了經濟資源，使之由較低生產力的領域轉成有較高的生產力與收穫的領域」。但80／20法則有個非常有意思的含義，那就是：企業和市場距離最理想的情況還有一大段路。比如說，80／20法則提出，百分之二十的產品、顧客或員工，是百分之八十的利潤來源──如果此說為真，而經詳細審視後也的確可看出一些非常不平衡的模式存在，那麼這表示：離高效率或理想狀況仍然相當遙遠。這情形的含義是：

一，百分之八十的產品、顧客或員工，只能賺取百分之二十的利潤；二，這簡直造成莫大的浪費；三，公司最有力的資源，會因其他效率低得多的大多數資源而受到壓抑；四，如果能賣掉更多好產品，能聘到好員工，能吸引顧客（或能讓顧客願意多購買產品），那麼利潤就能增加。

既然有此情況存在，一定有人會問：為什麼還要繼續生產那些只獲利百分之二十的百分之八十的產品呢？只是一般公司很少會這樣問，因為這問題的答案意味要採取激烈且徹底的措施：停止生產五分之四的產品。此改變非同小可！

賽依所謂的創業家成果，在現代金融家口中成為套利（arbitrage）。國際金融市場修正價值變化的速度非常快，例如對匯率的反應。創業家或套利的過程，能把資源從效用低的部分移轉到能發揮功用之處，但商業組織和一般人不懂這個方法，也不懂得把低價值的資源去除，轉而購買高價值的資源。很多時候，我們不知道，有些資源的生產力超高──但只有少數資源是如此，轉而購買高價值的資源。很多時候，我們不知道，資源中的一大部分只有少許生產力，或實際上會造成負面效果（朱蘭稱這為「無用多數」）。如果我們在生活的各個層面確實意識到「關鍵少數」和「無用多數」之間的差異，並著手改善，則我們珍視的事物將得以增加。

向混沌理論找答案

機率理論告訴我們：所有80／20法則的應用不可能都是隨機發生的。我們只能說，還有一些更深奧的含義或原因隱藏於80／20法則背後。

為此，帕列托陷入苦思，想找出一套方法來研究社會。他試圖尋找一個「能反映出從經驗與觀察中所得的事實」的理論，希望能找到有規律的模式、社會規範或「一致性」（uniformity），用以解釋個人和團體的行為。

但帕列托沒有發現具說服力的關鍵點。他沒來得及知道物理學提出的混沌理論就去世了，而混沌理論和80／20法則有著相似之處，且有助於解釋它。

二十世紀最後的三十年發生了一場革命，改變了科學家對宇宙的觀察，推翻過去三百五十多年來盛行的見解。過去的宇宙觀盛行以機械為基礎的理性看法，而這理性的看法，是中古世紀以來主宰人類對世界採取神祕和隨機看法的一大躍進：以機械為基礎的看法改變了古早對神的見解，以前的人把神當成一種非理性且不可預知的力量，機械時代則視神為較友善的時間工程師。這樣的世界觀自十七世紀盛行至今，只有高層的科學圈不接受，但一般人都覺得它讓人安心，也很有用：所有的現象都化約成有規則且可預測的**線性關係**。比如：a導致b，b導致c，因此a＋c導致d。在這種世界觀中，宇宙的任何一個細部，如人類的心臟手術或任何一個市

場，都能拿來獨立分析，因為整體是所有細部的總和。

但是更正確的看法是把世界看成一個正在演化的有機體。一個系統並非所有零件的總和，而零件與系統之間的關係也不是線性關係。很難確定什麼是造成事物的原因，因為各個原因之間往往有複雜的相關性，而何者為因、何者為果，並非涇渭分明。線性思考的缺點是它不能永遠成立，而且把真實現象過度簡化。平衡是一種幻象，即便出現也稍縱即逝。而宇宙是不穩定的。

儘管混沌理論的名稱中有「混沌」二字，它並不是指一切事物都是無希望或不能理解的亂象。它指的是，在紊亂背後自有一個邏輯、一個**可預測的非線性關係**，是經濟學者保羅·克魯曼（Paul Krugman）描述為「神祕」、「怪誕」和「精確得可怕」的東西。[9] 這邏輯的發現沒那麼難，但要描述可就不容易了，而且與音樂裡的主題再現有相似之處。某些具有特色的模式會重複出現，但它有無限的種類且不可預知。

混沌理論和80／20法則互相闡釋

混沌理論及相關的科學觀念，與80／20法則有何關係？還沒有人把這兩種理論串在一起，但我認為兩者大有關係。

不平衡

混沌理論和80／20法則之間的共通點,是**平衡**的問題——更精確地說,是**不平衡**關係的問題。混沌理論或80／20法則(以許多實證為根據而)主張,宇宙處於一個不平衡的狀態,世界不是線性的,因果關係很少是對等連結的。而兩者也都強調內在秩序的存在,有些力量總是強過其他力量,而想要掌握超出它們分外的資源或能量。經由長時間追蹤不平衡現象的發展,混沌理論有助於解釋為什麼會發生不平衡,以及它如何發生。

宇宙不是一條直線

80／20法則和混沌理論一樣,是一種非線性的概念。許多事情並不重要,可以不予理會。然而,總是有幾股力量具有料想不到的影響力;這幾股力量必須馬上辨認出來並加以注意。如果它們從事的是有益的活動,我們就該增加它們的數量;如果它們是有害的,則必須小心思考如何去除它們。

任何系統都可以做一個80／20法則的非線性測試:我們可以問,百分之二十的原因導致了百分之八十的結果嗎?百分之八十的現象,真的僅與百分之二十的原因有關嗎?這是清除非線性關係的好方法,而它更有助於引導我們辨識出那些運作中的異常力量。

回饋循環扭曲並干擾平衡

混沌理論所確認的回饋循環關係可以解釋80/20法則。這是說，一開始只有微小影響的力量，將可能加大，產生預料外的結果；而這些可以經由反推的方式來解釋。如果沒有正負回饋循環，現象的自然分布將會是50/50——因為某個固定頻率的投入會導致同量的結果。但由於有正回饋循環，所以各個原因不會產生相同結果。然而，強力的正回饋循環只對少數的投入有影響。這個道理可以解釋，為什麼少數的投入能發揮極大的影響力。

我們可在許多地方看到正回饋循環的關係。比如說，有錢人愈來愈有錢，並非只因為（或主要因為）他們擁有卓越的能力，而是因為財富可以招致財富。池塘裡的金魚也是如此。即使金魚一開始幾乎是相同的大小，但那些略微大一些的金魚會變成比原來大很多，因為牠一開始就擁有比較強的推進力和比較大的嘴，這些微的優勢，讓牠們比別的金魚獵取並吞下更多的食物。

臨界點

臨界點（tipping point）的觀念與回饋循環的關係有關。一股新的力量，不管它是新產品、疾病、新搖滾樂團，或是新的社會習慣如慢跑或溜直排輪鞋等，在到達某個點之前，總是很難有所進展，很多的努力只產生一點點效果。此時，許多嘗試打先鋒的人可能會放棄。但是如果新的力

，量能堅持下去，並且越過某個肉眼無法看見的線，那麼一小筆額外的努力就能獲得豐碩的回報。這條肉眼無法看見的線，就是臨界點。

這個觀念來自於流行性疾病的理論。在流行病學裡，臨界點指的是「平常且穩定的現象，如初期的流行性感冒，爆發成公共衛生危機的時刻」，[10]因為被感染者也會傳染給別人。由於傳染病的行為是非線性的，而且不以我們預期的模式運作，所以「小小的改變，如把新的感染人數從四萬下降到三萬，就能產生極大效果⋯⋯端視改變在何時發生、如何發生」。[11]

先到先享受

混沌理論主張「對於初始條件的敏感依賴」（sensitive dependence on initial condition），[12]這是說，剛開始發生的事，即使乍看之下微不足道，都可能產生大得不成比例的結果。這一方面呼應了80／20法則，一方面也對它做了解釋。

80／20法則有局限，就是它只是像快速照相，表現出某一時刻當下的真實（嚴格說來，是拍下快照後最近的過去）。在這個局限上，混沌理論所說的「對於初始條件的敏感依賴」能提供幫助：一開始小小的領先，可演變成較大幅度的領先，日後達到優勢位置；而後平衡再一次被干擾，另一個微小的力量又開始發揮巨大的影響力。

一間公司，若在市場早期就提供比對手優良百分之十的產品，可能會得到百分之百或兩百分

第 1 章　暖身

市場占有率——即使對手後來提供更好的產品。如果一開始，百分之五十一的駕駛人或國家決定靠道路右邊而非左邊行駛，這便會成為幾乎百分之百的駕駛人的規範。早期的圓形時鐘，如果百分之五十一是繞著我們現在所謂的順時針方向走，而非逆時針方向，這個方式就會變成約定俗成的習慣，而其實時鐘「逆時針方向」運行也合乎邏輯。事實上，弗羅倫斯大教堂的時鐘，在初設計時遵行逆時針的方向，並顯示二十四小時。[13] 但在一四四三年之後，大教堂建好時，當權者和鐘匠已經以十二小時、順時針方向的時鐘為標準，那時大多數時鐘都是這樣走的。然而，如果百分之五十一的時鐘和弗羅倫斯大教堂上的時鐘一樣，就會是走二十四小時逆時針的。

這些關於初始狀況的觀察**隨著時間而改變**，然而80／20法則卻是在**任何時刻**對於原因的一個**靜態**分析。不過，兩者之間有個重要的連結：都有助於顯示宇宙如何厭惡平衡。在前述例子中，我們從競爭現象看到，兩者都很自然地偏離50／50的現象。51／49的分割並不穩定，並且容易導向95／5、99／1甚至100／0的分割。保持平衡，直到優勢出現——這是混沌理論的訊息之一。

以80／20法則區分電影好壞

80／20法則的作用，有個非常突出的例子，就是電影。有兩位經濟學家，[14] 以十八個月內上映的三百部電影為對象，研究這些電影的票房收入和放映期。他們發現，有四部電影（只占總數的

百分之一‧三）賺走八成的票房收入；其他兩百九十六部電影（也就是百分之九十八‧七的電影），只賺了總收入的兩成。所以電影是運作中未受限制的市場的一個好例子，它幾乎遵守著80／1法則，非常清楚地證明這條失衡的法則。

箇中原因就更有趣了。結果是，電影觀眾就跟氣體粒子一樣隨機運動。氣體粒子、乒乓球、電影觀眾，這些事物都像混沌理論發現的情況，採隨機運動，卻會產生一個可預測的失衡結果。從影評和第一批觀眾得來的口碑，會決定下一批觀眾的多寡，進而決定下一批觀眾的多寡，如此延續下去。這是80／20法則發揮的復仇作用。

如何閱讀本書

我們在第二章將解釋如何運用80／20法則，並探討80／20分析和80／20思考之間的區別，這兩者皆是衍生自80／20法則的實用方法。80／20分析是以有系統、量化的方法來分析因果。80／20思考則範圍比較寬廣，是一種比較不精確而屬於直覺式的程序，包含我們諸多的思維方式和習慣，而正是這些思維方式和習慣，讓我們設定出人生中重要事物的重要原因。80／20思考讓我們辨認出這些原因，藉由重新安排及運用資源，進而顯著改善問題。

第二部歸納在企業界中使用80／20法則的最有力例證。這些方法經過考驗與測試，極有價

帶來好消息

我相信，80／20法則能為大家帶來希望。當然，此法則可能只是重述了原來就很明顯的道理，證明了到處都是大量的浪費：在大自然、在商業界、在社會中，以及在我們的生活裡。如果說，百分之八十的結果真的來自於百分之二十的原因，那麼，百分之八十的多數投入，也真的只

值，但很奇怪，大部分的公司並未採用。我整理出的這些內容不算是我獨創的見解，然而，凡是想大幅提升獲利的人，不管是小公司或大企業，都會發現本書是極有用的入門讀物，不曾在其他書中見過。

第三部說明如何運用80／20法則來提高工作水準和個人生活品質。這方面的嘗試，是將80／20法則應用在新的層面。這項嘗試不盡完美，但我相信它會帶來令人訝異的領悟。比如說，一個人生命中的快樂或成就，百分之八十發生在生命中很短的時期。個人價值的高峰通常會被大大延伸。一般人說時間不夠用。但是，我的結論恰恰相反，實際上我們是時間太多，而且浪費了時間。

第四部討論網路日益普遍的情形，以及80／20法則如何隨之變得更有影響力，卻也更形極端——甚至有愈來愈往90／10和99／1靠攏，不再只是呈現80／20比例的新趨勢下，怎樣更成功。除此之外，第四部也將重點放在你能如何因應，教你在網絡和80／20法則主導一切的新趨勢下，怎樣更成功。

造成一點點（百分之二十）的影響。

但矛盾的是，這或許是好消息。如果我們不僅是辨認出低生產力的原因並斥責之，而是把80／20法則拿來做一番新的運用，對此缺陷做一些正面的事，那麼原本浪費耗損的現象可能會帶來好事！若能在大自然及生活上有一番重新安排與改變，我們要成長的空間可大著呢。在大自然進行改善，不接受大多數人選擇的現狀，是科學、社會及個人進步的必經之路。英國文人蕭伯納（George Bernard Shaw）說得好：「理性的人讓自己適應世界。不理性的人則堅持讓世界適應自己；因此世界的進步與否，全仰賴這些不理性的人。」[15]

80／20法則認為，只要我們能讓那些低生產力的投入，變成高生產力的投入，那麼生產可就不只是增加而已，更能達到倍增。商業競技場裡有種種80／20法則成功的驗證，藉由創造力和決心，這個價值躍進絕對是可以達到的目標。

想達到這個理想，有兩條路徑。其一，把不能生產的資源分配到能生產的部分，此乃各個年代所有創業家成功的祕密。想辦法物盡其用。經驗告訴我們，任何資源都有屬於它的理想競技場，一旦得其所哉，便可發揮百倍之力。

另一條有效進步之路，正是科學家、醫生、傳道者、電腦系統設計者、教育家，以及訓練人員的方法──想辦法讓無用的資源在原位置上做有效的運用；想辦法讓贏弱的資源表現出它彷彿具有生產力，如果必要，可以用複雜的填鴨式程序，讓它模仿其他高生產力的資源。

那些只需極少的努力卻能運作良好的事物，應該挑出來並加以耕耘、栽培、複製。同時，廢物——對人類無用的多數，應該拋棄或大幅減少。

我寫這本書時，更相信大幅的成長與進步，也相信人類有能力去改善環境，不論是運用個人或集體的力量。約瑟夫·福特說過：「上帝和整個宇宙玩骰子，但這些骰子被動過了手腳。我們主要的目的，是去瞭解它們是用什麼手法被動了手腳，我們又該如何使用這些手法，來達到自己的目的。」[16]

80／20法則能幫助我們達成這個目標。

宇宙是歪斜的！

什麼是80／20法則？80／20法則告訴我們，不管你是哪裡人，有些事情可能會比其他事情來得重要許多。一個有用的判斷基準（或假設）就是，百分之八十的結果或產出，來自百分之二十的原因，而且有時候，來自比百分之二十更低的強大力量。

我們平常使用的語言是個好例子。發明速記法的艾賽克‧皮特曼爵士（Sir Isaac Pitman）發現，七百個常用詞彙在我們的對話裡就占了三分之二。因此，我們說話的時候，包括這些常用字衍生出來的詞彙在內，這些字詞占據日常會話的百分之八十。有百分之八十的時間，使用的是那不到百分之一的字詞（《簡編新牛津英語詞典》〔*New Shorter Oxford English Dictionary*〕總共收錄超過五十萬字）。我們可以將其稱為80／1法則。同樣地，有百分之九十九以上的對話，使用不到百分之二十的字詞：99／20的關聯（relationship）。

以電影為例，也能描述80／20法則。最近有一項研究顯示，百分之一‧三的電影，賺走百分之八十的票房收入，這相當於得出一條80／1定律（請見第一章）。有時候，這個因果關係不是80／20或80／1，反而比較接近70／30。但百分之五十的原因導致百分之五十的結果，這種情形少之又少。我們可以預測宇宙是不平衡的。真正重要的事情少之又少。

真正有成效的人和組織，在他們的世界中，靠著發揮作用的少數強大力量來讓自己壯大，並將這些力量轉變成自己的優勢。

請繼續閱讀，瞭解如何辦到這一點……

2 行前訓練
不平衡現象的思考與分析

80／20法則精華

- 80／20法則的藝術在尋找，創造出**大部分**結果的那**一小部分**投入、原因和努力。

- 以做生意來說，有哪些少數的產品、顧客或時間運用方式，可以帶來高額利潤和較高的顧客滿意度？

- 在生活中，有哪些事情，你只需要花一點點力氣，就能收穫很大的報酬，包括獲得滿足、散播快樂、獲致成功與幸福？

- 80／20法則的運用方式有兩種：

    ▼ 80／20分析──這是精確的量化分析，必須進行調查與提出事實，非常管用。80／20法則在商業界行之有年且成效卓著。

    ▼ 80／20思考──這是模糊的質化分析，必須動腦思考，能為你提供深刻的見解，同樣非

第 2 章　行前訓練

常管用。這是本書提出的新思維，它不僅與商業有關，也涉及生活各個層面。我們要問，有哪些**小事情**，能夠產出驚人的**明顯**效果？

第一章說明80／20法則背後的概念。這一章要討論的是80／20法則怎麼實際運用，以及它能為你帶來哪些好處。80／20分析法和80／20思考法是80／20法則的兩種應用方式，它們能為你提供實用的哲學，幫助你瞭解並改善生活。

80／20法則的定義

80／20法則認為，原因和結果、投入和產出、努力和報酬之間，本來就存在無法解釋的不平衡。投入或努力可以分成兩種不同的類型：

一、多數，它們只能造成少許影響。
二、少數，它們造成主要、重大的影響。

一般情形下，結果、產出或報酬是由少數的原因、投入和努力所產生的。原因與結果、投入

與產出,或努力與報酬之間的關係,往往是不平衡的。若以數學方式測量這個不平衡,得到的基準線是一個80／20的關係:結果、產出或報酬的百分之八十,取決於百分之二十的原因、投入或努力。舉例來說,世界上大約百分之八十的資源,是由世界上百分之二十的人口所耗盡。[1]世界財富的百分之八十,為百分之二十的人所擁有。[2]在一個國家的健保體系中,百分之二十的人口與百分之二十的疾病,會消耗百分之八十的醫療資源。[3]

51頁的兩張圖顯示這個80／20模式。讓我們想像,某家公司有一百種產品,而且已經發現,最有利潤的二十種產品,所產生的利潤占了全部利潤的百分之八十。在51頁上圖,左邊的長條表示這一百種產品,每一項產品占百分之一的利潤百分比填入右邊的長條,假設它占總利潤的百分之二十。此圖顯示出:占總產品數百分之一的一項產品,卻賺了總利潤的百分之二十(如該圖左邊的長條所示)。塗灰的區域代表以上所說的這種關係。

我們繼續計算下來幾種最有利潤的產品,算到前二十項利潤最高的產品,然後一路塗灰它們所占總利潤百分比的部分。51頁下圖代表此關係。在我們假設的例子中,這二十種產品的數目占了總數的百分之二十,卻占去總利潤(塗灰區域)的百分之八十。反過來說,白色的區域讓我們看到這種關係的另一面:總產品的百分之八十,只占利潤的百分之二十。

一項產品——占總產品數的1%——總利潤的20%

典型的20／1模式

二十項產品——占總產品數的20%——總利潤的80%

典型的80／20模式

```
50%的產品          50%的利潤

產品百分比         利潤百分比
```

少見的50/50模式

80／20這個數目只是一個基準點,顯示真正關係的數字可能稍有高低。在大多數的情況中,多半比較接近80／20,而非50／50。如果在我們的例子中,所有產品的利潤都相同,那麼關係便會如52頁這張圖所示。

不過很奇怪的一點是,當進行這樣的調查時,比較常出現51頁下圖的模式而非52頁這張圖。多半是一小部分的產品產生了相當大比例的利潤。這一點很關鍵。

當然,精確的關係可能不是80／20。80／20只是方便比喻,同時有利於假設,但它並非唯一的模式。有時候,百分之八十的利潤來自百分之三十的產品;有時候,來自百分之十五的產品,甚至只是百分之十的產品。數目總和未必是一百,但這些數字比例看起來通常是不平衡的。

也許,八十加上二十等於一百這件事很不

80／20法則能做什麼？

你必須發展出一套自己的使用方法：只要你用有創意的角度來觀察，這套法則永遠都在。本書第三部（第九章至第十六章）將帶領你發展自己的方式，在此我先提供我的親身經歷加以說明。

它如何幫助我

我剛進牛津大學時，我的家庭教師告訴我千萬別去上課。他說：「書可以讀得更快，千萬不要把一本書從頭到尾讀完，除非你是為了享受讀書本身的樂趣。你讀書的時候，應找出一本書的精髓，這可比從頭讀到尾快多了。讀一讀結論，再讀一遍引言，然後再讀一次結論，接著蜻蜓點水讀一下有趣的片段。」他真正的意思是說，一本書百分之八十的價值，能在所有頁數的百分之二

巧──因為這讓結果的數字看起來好看（如70／30、50／50、99／1），而且好記，但這讓許多人認為，我們只是在處理一組總數是百分之百的資料。事情不是這樣。如果百分之八十的人慣用右手，而這百分之二十的人是左撇子，這不是用80／20原則所得到的觀察。你必須有兩組資料才能應用80／20法則，兩組資料的總數各是百分之百，而其中一組所測量的值，是一個由人或事所擁有、呈現或導致的變數。

十內吸收,而且以看完整本書時間的百分之二十完成。

我很喜歡這種學習方法,也一直沿用。牛津沒有一個連續的評分系統,在校成績的高低,完全憑課程結束後的期末考決定。我發現,若分析了過去試卷的「考古題」,把這百分之二十、甚至更少的課程相關知識準備好,就可以將起碼百分之八十(有時甚至是百分之百)的測驗內容答得很好。因此,專精於一小部分內容的學生,可讓主考者留下較深刻的印象,什麼都知道卻不專精的學生則不然。過去我以為,這項心得讓我能非常有效率地念書。不知何故,我並沒有非常努力念書,成績卻相當好。但現在我想,他們或許教了我們這個世界是如何運作的。

後來我到殼牌(Shell)石油公司工作,在可怕的煉油廠內服務。事後回想,這可能對我的靈魂有益,但我那時很快意識到,像我這種年輕又沒經驗的人,最好的工作可能是顧問業。於是我去了費城,而且輕鬆取得華頓(Wharton)企業管理碩士學位(因為我瞧不起哈佛集中營式的教育)。然後我加入一家頂尖的美國顧問公司,上班的第一天,我領的薪水就是在殼牌石油的四倍。然而,顧問公司裡有太多比我聰明的同事,所以我就轉移陣地,到其他較小的美國顧問公司就職。比起前一家公司,這家公司的成長更快,而真正聰明的人員卻少了很多。

跟對人，比做什麼工作重要

我在這裡偶然發現許多80／20法則式的矛盾。顧問業百分之八十的成長（那時候的成長快得不像話），幾乎全來自員工中只有不到百分之二十是專業人員的公司，而百分之八十的快速升職機會也只在少數公司才有。相信我，有沒有才能根本沒關係。當我離開了第一家顧問公司、跳槽到第二家的時候，兩家公司人員的平均智能都提升了。

然而很奇怪，我的新同事比前一家公司的同事更有效率。為什麼會這樣？新同事並沒有比較賣力工作，但他們在兩個大方向遵守80／20法則。首先，他們明白，百分之八十的利潤來自於百分之二十的客戶，這對大部分的公司來說都能成立。在顧問業這便意味著兩件事：大客戶與長期客戶。大客戶給予的任務大，表示你有更多機會運用成本低且較年輕的顧問人員。而與長期客戶的關係造就了信賴，因為他們若更換另一家顧問公司，會增加成本。長期客戶通常比較不在意價錢問題。

對大部分顧問公司而言，爭取新客戶是重點活動。但是在我的新公司，盡可能和現有的大客戶維持長久關係的人，才是英雄。而他們的方法是與客戶公司的高階主管培養關係。

顧問公司的第二項心得是，對任何一個客戶來說，百分之八十的結果，來自於最重要的百分之二十課題，而這些可能不是新鮮顧問人眼中有趣的事物。但是，我們的競爭對手在面對客戶時，大略看了所有問題，然後提出建議，讓客戶依照建議自己去做；我們則專注於客戶最重要的

你在幫人致富或使人變窮？

不久後我確信，對顧問和他們的客戶而言，努力和報酬之間沒有什麼關係，如果有關係，充其量也只有微薄的連結。人要能夠適得其所，這比聰明又努力來得更重要。人應該要夠聰明又看重結果，而非一味努力就好。依照一些重大見解行事，將有所產出；只憑藉生性聰明和做事努力，無法達到相同的效果。可嘆我許多年來因罪惡感和同儕壓力之故，從未徹底運用這個道理。我太拚命工作了。

當時，顧問公司有好幾百名正式員工，公司合夥人約有三十位，包括我自己在內。但公司百分之八十的利潤都流向一個人，那就是公司創立者。即使在人數上，他占合夥人總數的不到百分之四、全公司人員的不到百分之一。

我和另外兩位年輕的合夥人決定，我們不想再繼續讓創立者更有錢，於是開設了自己的公司，用同樣的道理賺錢。我們的公司漸漸成長，擁有上百位顧問人員。不久，我們三個儘管為自己的公司做了不到百分之二十的努力，卻享受超過百分之八十的利潤。這也引起了我的罪惡感，六年後我辭職了，把股份賣給其他合夥人。由於此時公司每年的收入與利潤都以倍數成長，我的

股份賣了一個好價錢。但過沒多久，顧問業碰上了九〇年代的經濟不景氣——在本書後面我會勸你不要有罪惡感，此時我卻因為有罪惡感而逃過一劫。

隨投資而來的財富

我用收入的百分之二十，投資了一大筆錢在一家名為飛來發（Filofax）的公司上。我的投資顧問為此大感震驚。當時，我擁有大約二十家上市公司的股票，飛來發只是我所持有股票的百分之五，但大約等於我投資組合總額的百分之八十。還好，它不斷成長，股票三年來的價值倍增了幾次。一九九五年，我賣了一些股份，所得利潤幾乎是我第一次購入時的十八倍。

其後，我做了另外兩項大投資，一是剛成立的貝爾戈（Belgo）連鎖餐廳，另一個是MSI，這是一家旗下還沒有旅館的旅館公司（後來當然擁有不少旅館）。這三項投資大約占我總財產的百分之二十。但是它們產生的好處超過我後來投資所得的百分之八十。

你在第十五章會讀到，從長期的投資組合所得到的財富中，百分之八十的財富來自百分之二十的投資。選定之後，就要盡可能多多關注。傳統的智慧教你，不要把所有的雞蛋放在同一個籃子裡，可是80／20的智慧卻要你小心一個籃子，將你所有的蛋放進去，然後像老鷹一樣盯緊它看。

如何運用80／20法則

方法有兩種，如左圖所示。傳統情況下，運用80／20法則，需要先以80／20分析法做分析，這是一種以量化方式對原因、投入、努力，以及結果、產出、報酬等建構出一個精確關係的方法。80／20分析法先假設有80／20的關係存在，然後蒐集事實，而後顯示真正的關係。這是一項實證程序，可能導出各種結果，自50／50至99.9／0.1都有可能。如果在投入和產出之間，確實有一種不平衡的關係（比如說65／35的關係），或是更不平衡的關係），這才會採取行動（詳見下述）。

另一種運用80／20法則的新方法，我稱為80／20思考法。這方法是要你深入思考你視為重要的題目，而且要你判斷80／20法則在此領域是否有效。然後，你就能依照自己的判斷採取行動。

80／20思考法不要求你蒐集資料，也不必真的測試你的假設能否成立。因此，80／20思考法有時可能會產生誤導——比方說，假設你辨認出一種關係，便以為自己已經知道這主要的百分之二十是什麼，這樣相當危險。但我要說，傳統的思考法更容易誤導你。80／20思考法比80／20分析法好用，而且速度更快，不過在你對估計有疑慮時，80／20分析法比較派得上用場。

```
                    ┌─────────────┐
                    │  80/20法則  │
                    └─────────────┘
                      ↙         ↘
        ┌─────────────┐       ┌─────────────┐
        │  80/20分析法 │       │  80/20思考法 │
        └─────────────┘       └─────────────┘
```

- ➤ 精確的
- ➤ 量化的
- ➤ 需要調查
- ➤ 提供事實
- ➤ 非常有價值

- ➤ 模糊的
- ➤ 質化的
- ➤ 需要思考
- ➤ 提供見解
- ➤ 非常有價值

運用80/20法則的兩種方法

80／20分析法

80／20分析法可以檢視兩組資料之間的關係。其中一組資料是一群人或物，可以轉成百分比的數目大都達到一百或超過一百。另一組資料則與一些人或物的特色有關，這些人或物皆可測量，並能轉成百分比。比如說，我們可以看看一百位多多少少能喝一些酒的朋友，比較一下每個人上星期各喝了多少啤酒。

到現在為止，我所敘述的分析法還是許多統計問題通用的技術。而80／20分析法有個獨特的地方；它依照重要程度來排列第二組資料，並且比較兩組資料的百分比。以前面提到的例子來說，我們會問這一百位朋友，他們上星期喝了多少啤酒，並將資料以次序高低排入表中。左頁的圖表說的就是這個例子，表示出飲酒量前二十名及後二十名的朋友。

80／20分析法可以比較兩組資料的百分比。在這個例子當中，我們可以說，百分之七十的啤酒，被百分之二十的朋友喝掉。因此，這給了我們一個70／20的關係。第62頁的圖是這個例子的80／20頻率分布曲線圖（簡稱80／20圖）。

為什麼叫80／20分析法？

很久以來（也許自五○年代起），比較這些關係後最常得到的發現是：百分之八十的數量來自

	順序	名字	杯數	累計杯數
	1	Charles H	45	45
	2	Richard J	43	88
	3*	George K	42	130
	3*	Fred P	42	172
	5	Arthur M	41	213
	6	Steve B	40	253
	7	Peter T	39	292
	8	Reg C	37	329
最前20名啤酒飲用者	9*	George B	36	365
	9*	Bomber J	36	401
	9*	Fatty M	36	437
	12	Marian C	33	470
	13	Stewart M	32	502
	14	Cheryl W	31	533
	15*	Kevin C	30	563
	15*	Nick B	30	593
	15*	Ricky M	30	623
	15*	Nigel H	30	653
	19	Greg H	26	679
	20	Carol K	21	700

	順序	名字	杯數	累計杯數
	81*	Rupert E	3	973
	81*	Patrick W	3	976
	81*	Anne B	3	979
	81*	Jamie R	3	982
	85*	Stephanie F	2	984
	85*	Carli S	2	986
	87*	Roberta F	1	987
	87*	Pat B	1	988
	87*	James P	1	989
最後20名啤酒飲用者	87*	Charles W	1	990
	87*	Jon T	1	991
	87*	Edward W	1	992
	87*	Margo L	1	993
	87*	Rosabeth M	1	994
	87*	Shirley W	1	995
	87*	Greg P	1	996
	87*	Gilly C	1	997
	87*	Francis H	1	998
	87*	David C	1	999
	87*	Darleen B	1	1000

運用80／20法則分析啤酒飲用者

啤酒飲用者80/20頻率分布圖

於百分之二十的人或物的總和。80／20成了這種不平衡關係的簡稱，不管結果是不是恰好80／20。而就統計來說，精確的80／20關係不太可能出現。習慣裡，80／20討論的是**頂端**百分之二十而非底部的百分之二十。

我們可以從啤酒朋友的那些資料觀察到，最後百分之二十的人，只喝掉三十杯啤酒耗量的百分之三。稱這為3／20關係絕對合理，但很少人這麼說。因為啤酒製造商的幾乎總是那些用量多的人或原因。如果啤酒製造商正在促銷或尋找自己品牌的消費者，去看前面的百分之二十準沒錯。

我們也可能想知道，我們的朋友有百分之多少造成百分之八十的啤酒總消費量。在本例中，第二十八名的邁克‧G喝了十杯（他不在前頁的前、後二十名表裡），從頭算起到邁克的累計總

量是八百杯。因此，我們可以說這是80／28的關係：百分之八十的啤酒飲用總量，是百分之二十八的人喝下的。

從這個例子應該很清楚見到，80／20分析法可以找出各種答案。當然，個別的發現比較有趣，而且在出現不平衡的問題上就會對我們的團體不感興趣。我們看到的會是20／20的關係（百分之二十的啤酒由前百分之二十的飲者喝掉），或是80／80的關係（百分之八十的啤酒由前百分之八十的人喝掉）。

長條圖最能表示80／20關係

以兩條長形的圖表最能顯示80／20分析的結果。我們的例子正是如此，本章前幾頁圖表均是長條圖。64頁下圖中左邊的長條，表示一百位喝啤酒的朋友，每一人是百分之一，飲用量最多的人在頂端，飲用量最少的人在底部。右邊長條表示飲用者（及全部飲用者）所喝掉的總量。在長條圖的任何一個位置，我們都能看到朋友人數的百分比和他們所喝啤酒的百分比。

64頁上圖顯示出第61頁那張表格的發現：前百分之二十的飲酒者，喝下百分之七十的總啤酒量。本圖的資料由第62頁的圖表而得，以由上而下的方式來顯示資料，而非由左而右。你喜歡哪一種都好。

70/20法則

喝酒人數百分比 / 喝掉的啤酒數量百分比：20% → 70%

80/28法則

喝酒人數百分比 / 喝掉的啤酒數量百分比：28% → 80%

80／20分析的用處

一般而言，80／20分析法的第一種用處在於改變它所描述的關係，或者在於改善它！第一個用處是讓人注意到造成該關係的關鍵原因，也就是認出，哪些是導致百分之八十（或其他數字）產出的百分之二十投入。假如前百分之二十喝啤酒的人喝掉百分之七十的啤酒，那麼這部分的人應該是啤酒製造商要注意的對象，盡可能爭取到這百分之二十的人來購買，最好能進一步增加他們的啤酒消費。啤酒製造商鑑於實際理由，可能會決定忽視其餘百分之八十喝啤酒的人，因為他們的消費量只占百分之三十；這樣會讓事情好辦一些。

同樣地，當一家公司發現，自己百分之八十的利潤來自百分之二十的顧客，就該努力讓那百分之二十的顧客樂意消費，並針對他們的喜好開發產品。這樣做，比起將注意力平均分散於所有的顧客來得容易，也更值得。再者，如果公司發現，百分之八十的利潤來自百分之二十的產品，那麼這家公司應該盡全力銷售高利潤的產品。

相同的概念也適用於非商業用途。如果你分析自己所有的休閒活動之後，發現百分之八十的樂趣來自百分之二十的活動，而這些活動只占你百分之二十的休閒時間，那麼你應該將這些活動

的時間調到起碼占百分之八十的休閒時間。

再舉別的例子來說，百分之八十的交通壅塞發生在百分之二十的路段上：如果你每天都要走相同的路線去工作，你就會明白，大約百分之八十的交通壅塞通常發生在百分之二十的路口。交通當局合理的反應，應該是特別注意最會造成路口阻塞的百分之二十交通狀況。也許，比起將全部時間分配給全部的交通狀況，這樣做確實是在個別狀況花了比較多時間，但是把一天裡百分之二十的時間花在百分之二十的關鍵地點，絕對值得。

80／20分析法第二個主要用處，是改善那「表現不佳」、只有百分之二十產出的百分之八十投入。也許，偶爾喝啤酒的人能被說服多喝一些，比如提供他們口味清淡爽口的產品。也許，藉由改善那些「較無樂趣」的休閒活動而獲取更大快樂。在教育方面，傳統的教學方法裡，教授上課時隨機詢問任何學生問題，使得百分之八十的反應往往只來自百分之二十的學生；現在則採用互動的教學系統以改進此80／20的現象。在美國購物中心裡，約占百分之五十人口數的女性，卻構成百分之七十的購買力，⁴想要增加男性只占百分之三十的購買力，方法是設立特別為男性設計的商店。

一般而言，80／20分析法的這種應用有時非常有效，而且在改良表現不佳的工廠生產力上極見效果。但這種方法比較辛苦，收穫也小於前述第一種用法的效果。

應用時，避免以線性思考

在討論如何應用80／20分析法時，我們也必須說，一如任何簡單有效的工具，80／20分析法有時也會被誤解或誤用，或用來作奸犯科。如果應用不當，且是以線性的思考方式進行，80／20分析法也可以誤導無辜的人。所以你必須時時小心，不要落入錯誤的邏輯。

讓我用自己的新工作，也就是賣書這件事來說明這一點。顯而易見，大約百分之二十的書籍占書籍總銷量的百分之八十。乍看之下，我們以為可以直接說：書店應該精簡進貨範圍、專注販賣「暢銷書」的書店，獲利不僅沒提升，反而下降。

重點不在於所售書籍的種類，而在於顧客想要什麼。如果顧客特地走進了書店，他們會去找自己想要的書，這跟去報攤或超級市場不同，因為買書的人不期望報攤或超市販賣各式書種。書店應該專注於帶給他們百分之八十利潤的百分之二十顧客，並配合他們的需要。

當不考慮顧客而考量書時，問題不在於銷量的分布（因為百分之二十的書占了百分之八十的銷量），而在於利潤的分布（因為百分之二十的書帶來百分之八十的利潤）。出乎意料的是，這百分之二十的書通常並非名作家所寫的暢銷書。事實上，美國的研究顯示，暢銷書大約只占總銷售的百分之五。[5] 真正暢銷的書，通常從未進入暢銷書排行榜，但一年的總銷量相當高。這一份美國的研究也指出：「長銷型的書是核心。它們是80／20法則裡的八十，是某項目中的主要銷售量。」

為什麼必須運用80／20思考

80／20分析法極為有用，但大部分的人並非天生就是分析師，就算是分析師，也不可能每次要做一個決定就去分析資料——這必然會把生活弄得一團糟。大部分的重要決策都不是以分析方法決定的——無論人工智慧有多聰明。如果我們需要用80／20法則作為日常生活的導師，我們需要的不是分析，而是立即可用的方法。所以我們需要80／20**思考法**。

80／20思考法是將80／20法則用於日常生活的非量化應用。80／20思考法和80／20分析法一樣，我們一開始先假設，在投入和產出之間有個不平衡的關係，而是大略估計。80／20思考法要我們找出真正重要的少數事物，同時忽略不重要的事物。這可經由練習做到。80／20思考法要我們見樹又見林。

這個例子相當有用。使用80／20法則要看情況，而且要常做逆向思考。不要被那些人人關注的變數引到錯誤的方向去——在本例中，這是指最近的暢銷書書目。這是別人通常忽略的地方。此外，80／20分析法最寶貴的看法，總是從檢視非線性的關係而得到，這是別人通常忽略的地方。此外，80／20分析法看的是某個時間點的某一情形，而未考慮因時間所造成的改變，所以如果你不小心鎖定錯誤或不完整的時間點，將得到錯誤的結論。

使用80／20思考法時，不能因為資料完整、分析完善就被限制住。從數字產生若干見解，必定也有來自直覺和印象的見解。就算80／20思考法有資料為輔，我們也絕不能被它限制。

為了使用80／20思考法，我們必須經常問自己：「是什麼因素，讓百分之二十的原因產生百分之八十的結果？」我們絕不能以為自己已經知道答案，而必須花點時間去做有創意的思考。什麼是少數的重要因素，什麼又是無關緊要的多數？背景的噪音是不是掩蓋住什麼動聽的旋律？

80／20思考法的運用方式，跟80／20分析法得到的結果一樣：想要有效改變行為，就得關注最重要的百分之二十因素。當效果倍增，你就知道是80／20思考法發揮效用了。80／20思考法讓我們不只是事半功倍。

運用80／20法則時，請不要假設結果的好壞，或者一味認為，我們觀察到的某股強大力量必然是好的。我們從自己的觀點決定它們是否有用，然後判斷，究竟要推動某些有力的少數朝正確的方向前進，或是想法子阻斷它們的作用。

顛覆傳統智慧

應用80／20法則，意味著要遵守下列各事項：

80／20法則無遠弗屆

沒有任何一種活動不受80／20法則的影響。大部分使用80／20法則的人，都像預言故事裡的

- 獎勵特殊表現，而非讚美全面的平均努力。
- 尋求捷徑，而非全程參與。
- 練習用最少的努力去控制生活。
- 選擇性地尋找，而非巨細靡遺地觀察。
- 在幾件事情上追求卓越，不必事事都有好表現。
- 在日常生活中，找人負責一些事務，而不是為了節稅（我們可以雇用園藝師、汽車工人、裝潢師等專業人士來發揮最大效益，不必事必躬親）。
- 小心選擇事業和雇主，如果可能，自己當老闆。
- 只做我們最能勝任且最能從中得到樂趣的事。
- 往生活的深層探索，找出有無可笑或怪異的元素。
- 在各個重要面向，找出哪些關鍵的百分之二十能達到百分之八十的好處。
- 保持平靜，少做一些，鎖定少數能以80／20法則完成的目標，不必汲汲追求所有機會。
- 當我們處於創造力顛峰且幸運女神眷顧的時候，務必善用這少有的「幸運時刻」。

盲人摸象，只知其局部的力量與運用範圍。若想成為80／20的思想家，你需要積極參與，並加上創造力。如果你想從80／20思考法獲得好處，**你必須善用它！**

現在正是開始的好機會。如果你想從工作組織下手，直接從第二部做起，第二部會說明80／20法則應用在企業領域最重要的原則。如果你想知道80／20法則如何使生活立即大幅改善，請閱讀第三部，它將說明80／20法則和日常生活的關聯。

第二部
企業的80／20成功法則

3 早就不是祕密
從戴明與朱蘭談起

80／20法則精華

- 一九四〇年代末起,就有人運用80／20法則,推動了品管運動和資訊革命。
- 成功的公司懂得在市場上,以最少的力氣創造最佳銷售成績。今日,這通常是指具備網路特質並以病毒式行銷為經營模式的線上公司(請見第十七章)。
- 將力氣集中在目前最有利可圖的市場與顧客區隔,並大幅擴展這塊生意,可明顯提高經營的利潤。
- 辨識公司目前有哪些部分(人員、工廠、業務部門、管銷單位、地理區域)最能夠產生盈餘,讓它們擁有更多的權力和資源,可使獲利倍增。

我們如今彷彿對著鏡子觀看,模糊不清;到那時就要面對面了。我如今所知道的有限,到那

> 時就全知。
>
> ——《哥林多前書》第十三章第十二節

企業界對80／20法則到底瞭解多少，我們很難調查。本書是第一本以80／20法則在全球各產業中的運用為主題的書籍，不過我在做研究時，一下子就找到幾百篇相關文章，談80／20法則行事，大部分企管碩士也都聽過這套法則。80／20法則影響了許多人的生活，而大家居然還不認識它！且來見識一下80／20法則的威力。

第一波：品質革命

在一九五〇年到九〇年間發生的品質革命，提升了生活消費品和其他產品的品質與價值。品質革命是一場應用了統計和行為技術，欲以較低成本來生產較高品質的改革運動。它的目的，是做到產品零缺點，而現在許多產品幾乎已達到此目標。自一九五〇年後，品管運動可說是全世界高生活水準的最重要動力。

品質革命的沿革很有趣。它的兩大救星是朱蘭與戴明（W. Edwards Deming, 1900-1993），這兩位都是美國人（但朱蘭在羅馬尼亞出生），分別是電子工程師和統計學家。在第二次世界大戰之

後，他倆各自發展自己的想法，但得不到任何美國公司青睞。朱蘭在一九五一年出版了他第一版的《品管手冊》，這是品管運動的聖經，可惜反應平平。唯一感興趣的是日本，因此朱蘭和戴明兩人在一九五〇年代初期就移居日本。他們披荊斬棘的努力，使當時的日本從只能產出劣等產品，轉變成擁有高品質和高生產力的國家。

直到日本產品如摩托車和影印機等打入美國市場之後，美國（和其他西方國家）大部分的公司才開始嚴肅看待品管運動。從一九七〇年起，朱蘭、戴明和他們的弟子開始轉化西方的品質標準，讓品質水準獲得極大進步，大量減少產品的缺點，並大量降低製造成本，結果同樣成功。一九八〇年之後尤然。

80／20法則是品管運動的一大關鍵，朱蘭則是箇中最狂熱宣揚80／20法則的人士，不過他稱80／20法則為「帕列托法則」或「關鍵少數規則」。在《品管手冊》的初版中，朱蘭認為「退貨」（因品質不良而遭退回的產品）並非起因於一大堆的因素：

他在註釋中提到：

其實，退貨損失總是分布不均；很高比例的品質損失是由一小部分的產品缺失造成的。

經濟學者帕列托發現，財富分配也是不均的，這在其他許多例證中也可以找到：犯罪行為在罪犯身上的分布，意外事件在危險過程中的分布等等。帕列托的不均等分配法則，也能解釋財富分配與品質不良的分布。[1]

朱蘭把80／20法則拿來應用在統計式的品質控制上，方法是辨識出造成品質未達水準的問題點，並將各因素依重要性由高往低排——最重要的是導致百分之八十品質問題的百分之二十瑕疵。朱蘭和戴明都逐漸採用了80／20這稱呼，他們鼓勵大家，對於引起大部分產品問題的這一小部分瑕疵，要做仔細的判斷。一旦辨認出那「關鍵少數」的瑕疵來源，便要全力處理，不必一次處理全部問題。

品管運動從一開始的強調品質「控制」，進步到認為產品本身就必須有品質，再到全品質的管理，以及更精密細膩的軟體運用，這一路走來，80／20的技術已成長許多，今日幾乎所有品管學者都熟悉80／20法則。

在《國家生產力》（National Productivity Review）期刊的一篇文章中，隆納·雷卡多（Ronald J. Recardo）問道：

是哪一項不利因素阻隔了你的主要消費者？這裡，就和其他許多品質問題一樣，帕列托法則

也適用：如果你彌補了決定性的百分之二十品管缺失，你就得到百分之八十的利益了。一般說來，這百分之八十來自你突破性的改進。[2]

另一位專門討論組織轉變的作者提到：

對企業經營過程的每個步驟，請捫心自問，該步驟是否提供必要的支持。如果既無價值又無支持作用，它就是無用的，請刪除。重述一次80／20法則：完全除去這類無用步驟的開支若是百分之百，你只要花百分之二十，就可以去掉百分之八十的無用步驟。現在馬上著手改善吧。[3]

福特電子公司（Ford Electronics Manufacturing Corporation）因運用了80／20法則於品管上，贏得新鄉卓越獎（Shingo Prize）：

零庫存（just-in-time）過程中使用了80／20法則（百分之八十的價值分布在百分之二十的數量中），而且花費最高的部分最常拿來分析。依產品線所做的製造週期分析，取代了以人力及間接績效所做的分析，減少了百分之九十五的製造時間。[4]

現在，整合了80／20法則的新軟體，可用來提升品質：

〔使用 ABC DataAnalyzer〕把資料讀出或置入試算表，然後可以在下列六種圖表類型擇一使用：長條圖、控制圖、流程圖、分布圖、圓餅圖，以及帕列托圖。帕列托圖納入了80／20規則，且可將之顯示出來。舉例來說，只要修正百分之二十的原因，一千位客戶之中的八百位就不會再抱怨。5

80／20法則也逐漸運用到產品設計和研發上。比如說，在一篇評論美國國防部全品質管理的文章中，有如下的說法：

研究過程所做的決策，已經確定周期中大部分的花費。80／20法則可以描述其結果，因為百分之八十的經費通常都用在研發時間的前百分之二十。6

品質革命對顧客的滿意度和價值感，以及個別公司的競爭地位，甚至對國家的影響，鮮少受到注意，但其實非常巨大。品質革命繼之而起的另一波革命，兩者共同造就了今日的全球消費社會；在這第二次的革命中，80／20法則也是主角。

第二波：資訊革命

在一九六○年代初產生的資訊革命，改變了企業中大部分的工作習慣和效率。它的功用不止於此：它有助於改變企業的體質，而企業是今日社會的主力。

也許是因為離品質革命的時期很近，所以，資訊革命中的電腦和軟體專業人一般都熟悉80／20法則。從許多提到80／20法則的電腦與軟體相關文章來看，大部分的硬體和軟體開發者都瞭解此法則，並運用在日常工作當中。

資訊革命運用80／20法則來提高「選擇性」和「單純性」，這部分非常有效。有兩位資訊業的專案主管如此表示：

不要考慮太多。別第一天就計畫上到九重天，因為投資的報酬方式往往會遵守80／20規則，會在整個系統最簡單的百分之二十中產生，最後百分之二十的好處，則來自系統中最複雜的百分之八十。[7]

漸漸地，換成是軟體業在運用80／20法則。一九九四年發明的RISC就是一例：

RISC是以80／20法則的某種變化為基礎。這條法則假定，大部分的軟體花了百分之八十的時間執行百分之二十的程式。RISC處理器藉由刪除較無用的百分之八十，讓那百分之二十達到最佳表現，並保持在一個晶片內，藉此省下成本。RISC為軟體所做的貢獻，相當於CISC〔從前的主要系統〕在硬體上的貢獻。8

使用軟體的人知道，即使它有驚人的高效率，使用情況也依循80／20模式。一位開發者說：企業界長期以來便遵守80／20法則。軟體界更是如此，百分之八十的產品只施展出百分之二十的能力。這意思是說，大部分的人花錢買到不需要的部分。軟體開發者似乎終於瞭解了這一點，而許多開發者認為，模組應用可以解決問題。9

軟體的設計是重大關鍵，要讓最常用的功能成為最容易使用的部分。同樣的方式也應用於新資料庫的維修上：

軟體開發人員是怎麼做的？首先，他們辨識出顧客大部分時間最想要的是什麼，並找出他們希望如何做到——這還是80／20法則（一般人使用電腦時，百分之八十的時間，用到的是軟體

百分之二十功能）。好的軟體開發師應該盡可能讓最常用的功能既簡單又自動，同時必須用得到。若將這樣的操作方式轉成資料庫的服務方式，就表示該全心關注主顧客的使用情況……有多少次，顧客打電話來尋求搜尋服務，詢問該使用哪個檔案，或者要到哪裡尋找？好的設計可以別除這一類的詢問。[10]

無論你要的是哪一種轉變，有效的資訊處理，都應該把重心集中在百分之二十或更少的主要需求上。設計精良的蘋果產品全都使用了 80 ／ 20 法則，來提高單純性、使用便利性、實用性，乃至於產品的美感。

資訊革命漫漫長路

資訊革命是企業界所知最有顛覆性的力量，它把資訊權力給予了一般人，使得第一線的員工和技術人員擁有資訊和權力，瓦解中間經理人的權力，通常也毀掉他們的工作。過去，中間經理人因為擁有專業知識，受到了保護。資訊革命也讓公司權力分散：電話、傳真、個人電腦、數據機等用具，加上這些技術逐漸縮小及其易攜帶或移動的性質，使得企業及企業大員宛如殿堂的地位漸漸崩解。終極而言，資訊革命幫著摧毀了經營管理階層，使得企業裡的實際工作者更能直接

管理學大師彼得‧杜拉克（Peter Drucker）在許多年前指出：

資料庫的量不管多大，都不算是資訊，它只是資訊的原礦……如果說一家企業最仰賴的資訊是現在或未來，運用資訊威力的關鍵，在於選擇。對一個企業來說，做決定時（特別是決策性的決定），最需要知道的是外界的現況如何。在外面才有結果、機會和威脅。[12]

杜拉克認為，我們需要用新的方式來衡量財富的創造。高敦（Ian Godden）和我在我們合著的書中，稱這些新方法為「自動測量表現」；[13] 此法剛剛開始在一些公司萌芽。然而，造就資訊革命的資源中，有遠超過百分之八十（甚至是百分之九十九）的部分，仍用來計算我們過去計算的東西，只不過算得比較好，卻沒有用來創造真正能為公司賺錢的方法。資訊革命建立起不一樣的企業，若能使用這力氣當中的一點點，便能帶來驚人的結果。

仍然是企業界最不為人知的祕密

80／20法則之所以這麼重要，而經理階層只掌握這麼一些些，顯然它非常不受重視。光是80／20這個術語本身，也得花時間才能理解，而且似乎無甚進展。儘管有零星的運用案例，儘管它已逐漸為人所知，但還是不夠，它可以發揮的地方相當多。80／20法則可以運用在任何產業和組織，以及當中的各種職位。它可以協助高階主管、生產線經理、專家及任何工作人員，甚至新人和實習生。

80／20法則為何可用在商業上

運用於企業內的80／20法則，有個重點：以最少的開支和努力，產生最多的利潤。

十九世紀和二十世紀初的古典經濟學家，發展了一套經濟平衡和公司的理論，自此成為主流的思考模式。該理論指出，在完美的競爭之下，公司不會賺取過多的利潤，因此利潤若不是零，就是資本的「正常」支出，而所謂正常支出，通常要視利息而定。該理論本質上並無矛盾，但無法實際運用於任何經濟活動中，尤其無法用在公司的營運情況上。這是此理論的瑕疵。

公司的80／20理論

與前述的完美競爭理論相較，80／20的公司理論如下：

- 在任何一個市場中，有些供應商比別人更懂得滿足顧客需求。這些供應商可以賣到最高的價格，同時取得最高的市場占有率。

- 在任何一個市場中，有些供應商比別人更能減少各項開支。換句話說，當大家的產出與營收相同，他們的開支較少；或者說，他們能用較低的開支，產生與其他供應商相等的產出。

- 有些供應商比別人更能獲得盈餘。在此，我使用的字眼是「盈餘」（surpluses）而非「利潤」（profits），因為利潤通常暗指股東可以拿到的錢。較高的盈餘將導致以下結果（第四點未必發生）：

一、超過讓公司正常運作所需的資金量，以造成更大優勢，並吸引顧客。

二、透過更大的銷售量與行銷努力贏得市占率，或者購併其他公司。

三、提供員工更多酬勞，這通常可讓員工更有向心力，或吸收到最好的人才。

四、讓股東有更多利潤，這通常可提高股價，降低資本，促發投資或購併。

- 百分之二十或少於百分之二十的供應商，將供應百分之八十的市場，在正常狀況下，這些供應商也會有較高的利潤。

此時，市場結構也許可達到平衡，雖然這種平衡與經濟學家心愛的完美競爭模式不大相同。在80／20平衡狀態中，某些供應商，即最大的供應商，可以提供顧客更物美價廉的產品，又能比小供應商獲得更高的利潤。這種情形在現實生活中隨處可見，若依完美的競爭理論而行，卻是絕不可能出現的。我們可以稱這種更務實的理論為「80／20競爭定律」。

但在真實世界中，通常不會讓平衡維持太久。遲早（通常很快）會因為競爭者的創新，而引發市場結構的轉變。

- 不管是現有的供應商或新加入的供應商都會尋求改革，以期在自己的市場中找到一塊不大、但可攻可守的位置，即「市場區隔」（market segment）。若能針對特別類型的顧客提供一項特殊的產品或服務，就可能獲得市場區隔。長此以往，市場將出現更多的分眾顧客。

在每個分眾市場，都會上演80／20競爭法則。在每個特殊市場居領先地位的，可能是一家大規模的公司或該市場唯一的專業公司，也可能是該產業的全才型公司，但是他們成功與否，要視他們在自己的市場中，能不能以最少的花費或努力獲取最大利潤。在每個分眾市場，有些公司若在這點上做得比別人好，就更能擴大市占率。

任何大公司都會在許多可能遭逢競爭者的市場中運作，也就是在不同的顧客／產品搭配上採用不同的配方，力求在扣除成本後得到最大獲利。在這些分眾市場中，大公司在某些區塊可能會有大筆盈餘，而在其他區塊的盈餘可能就少很多（或甚至呈現赤字）。大致說

- 在任何一家既受大環境影響又得靠員工努力的公司中，其投入和產出、努力和報酬之間的關係可能是不平衡的。就外在而言，這是指某些市場、產品或顧客，比別人的利潤高出很多；就內在而言，這是指某些資源（不論是人員、工廠、機器，或這些因素的組合）所生產的價值，相較於它的成本，比其他資源的生產值更高。如果這些因素能夠測量（有些可以，如業務員的業績），我們會發現，有些人能夠產生極高的利潤（他們對總收入的貢獻遠大於他們的花費），而許多人只帶來一點點獲利，或者根本呈現赤字。能產生最大盈餘的公司，通常每個員工的平均獲利也最高，但是在一般的公司，每個員工真正的獲利程度非常不平均：百分之八十的盈餘，通常是由百分之二十的員工所產生。

- 在公司中，用最少的資源組合，比如用一個員工，配合環境因素，如該員工的特質、該項事務的本質等，結果在百分之二十的時間裡創造出百分之八十的價值，比他正常的水準高出好幾倍。

來，百分之八十的盈餘或利潤，是由公司內百分之二十的分眾市場、百分之二十的產品所創造出來的。最賺錢的市場，可能（但並非永遠）在公司中享有最高的市占率，同時擁有最忠誠的顧客（忠誠的定義是維持長久的關係，同時最不可能轉而投靠競爭者）。

三個行動意涵

80／20理論運用在公司時，有一層含義：一家公司得以成功，是因為它在市場上可以用最少力氣產生最高獲利。就絕對意義而言，這是指金錢上的獲利；就相對意義而言，這是指競爭。一家公司一定是有盈餘（用傳統的說法，就是投資報酬率高），而且是比其他競爭者高的盈餘，才稱得上成功。

第二層含義是：一家公司若能專注在最能帶來盈餘的市場和客層，通常就能大幅提高盈餘。這意味必須重新配置資源，將資源安置在盈餘最高的區塊；這也意味要全面減少資源和開支（講白一點，就是減少員工人數，降低花費）。

一般公司很少能達到自己的最高盈利能力，連接近這種水準都很難：一來是因為管理者時常無法察覺盈餘之所在；二來，他們多半喜歡經營大公司，而不是經營較有利潤的公司。

第三層含義：每家公司都可能藉由減少產出和給予員工報酬的不平衡來提高盈餘。欲達此目

探求「不規則」的見解

試著掌握那造就80／20關係的易變性及力量。這世界充滿微不足道的原因，一旦這些原因集結起來，就可能產生重大的結果。想想鍋子裡的牛奶，加熱到超過某個溫度時，會突然改變形態，膨脹冒泡。這一次你可能煮出一鍋不錯又好喝的熱牛奶；下一次你可能煮出一杯美味的卡布奇諾；又或許只是慢了一秒，爐子就弄得一團糟。在企業裡，造成不同結果的時間也許要長一些，但一年就出現一家優秀又賺錢的龐然大物IBM，在電腦產業擁有壓倒性優勢；不久後，若干小小的因素加在一起，這個失去判斷力的龐然大物便搖搖欲墜。

有創意的系統，其運作絕非遵循平衡理論。因和果、投入和產出，皆以非線性的方式在運作。你的收穫通常不等於你的付出，有時候你獲得的很少，有時候卻非常多。企業體之所以進行大更動，可能是表面上無關緊要的事物所引起的。擁有同樣聰明才智、技巧與奉獻精神的人，卻可能因為一些小小的結構差異，造成很不一樣的結果。我們無法預言事件會不會發生，但我們可

以預期，同一個模式會重複出現。

認出幸運時刻

我們不可能全盤掌握事態，但可能可以影響事件的發展，由事件中發現其不規則性並從中獲益。運用80／20法則的藝術，就在於認出目前事情的運轉方式，並盡可能運用它。

請想像自己置身於熱鬧歡騰的娛樂場，到處是輪盤賭具。所有號碼的下注賠率是三十五比一，但有些號碼在不同的賭桌屢次出現。在某一桌，「五」這數目每二十次出現一次，在另一張桌子它只每五十次出現一次；如果你碰準了，賭對了數目，你就發財了。如果你死守著「五」每五十次出現一次的那一桌，你的錢會全部不見。

如果你可以找出，你公司的哪個地方讓你的所得比付出還多，便可以提高賭本，等著大賺一票。同樣地，如果你能找出公司的哪個地方讓收穫比投資少，你也可以減少損失。

在這種情況下，所謂公司的「哪個地方」，指的可以是任何東西。可能是一項產品、一個市場、一位顧客或一種客戶類型、一項技術、一條行銷管道、一個部門或分支機構、一項交易、一位員工、一種類型的員工或小組。目標在於找出是什麼地方讓你賺得大筆盈餘，並強化此處；同時也要找出是什麼地方，讓你損失或在競爭中出局。

我們被訓練成以因果、正常關係、一般水準的收益、完美的競爭方式和可預期的結果等角度

去思考事情。但真實世界並非如此。真實世界裡有許多影響力，因果關係並不明確，且複雜的回饋循環扭曲了投入；呈現曇花一現的平衡，而且通常相當迷惑人；某些表現有著重複、但不規則的模式；各公司從來沒有在公平的基礎上競爭，也不可能全都業務興隆。在真實的世界裡，只有少數蒙老天厚愛的人，可以占下市場，得到高額利潤。

以此觀點來看，大公司複雜的程度難以想像，並且經常以不同的力量組合行事；有的力量順勢而行，獲利甚豐；有的卻逆勢而為，損失頗重。這都是因為不能撥開糾結複雜的現實見到真相，也因為會計系統有著安慰作用，以平均（且大大扭曲）的方式解釋事情。80／20法則早已盛行，只是未受注意。我們通常只能看到公司的「淨」結果，但這絕非全貌！在表象之下，正面與負面的產出力量互相拉扯，加起來共同產生了表面呈現的效果。一旦辨識出檯面下所有的力量，80／20法則即可發揮最大效能，我們也能去除負面的影響，將所有精神花在生產力上。

公司如何運用80／20法則提高利潤

好了，我講了夠多的歷史、哲學和理論！現在轉換話題，看看實際狀況吧！任何企業都有辦法斬獲可觀的利潤。現在該告訴你如何運用了。

第四到第七章說明若干運用80／20法則的重要方法。第八章提示你，如何將80／20思考法植

入你的工作生活，讓你獲得優勢，超越同事和競爭者。

下一章，我們將說明對所有公司都重要的80／20法則運用：區分你在什麼地方真正有利潤，在什麼地方其實是賠錢的──所有企業人都以為自己明白了這一點，但他們恐怕都錯了。如果他們掌握正確的認識，他們的企業都會因此改觀。

4 為策略做體檢
努力不是錯，但方向要正確

80／20法則精華

- 在你的公司，百分之八十的獲利，很可能是來自百分之二十的活動，以及百分之二十的銷售額。
- 祕訣在於找出那百分之二十，這一章會告訴你怎麼做。

如果你沒有運用80／20法則來調整你的策略，那麼很可以肯定，你的策略有著嚴重的缺失，也可以說，你並不瞭解你在什麼地方賺錢，在什麼地方賠錢。而且幾乎可以斷定，你為太多的人做了太多的事。

企業所使用的策略，不該只是一套由上往下看的概念，富麗堂皇，但浮泛。它應該比較像是一套由下而上的理解，可以窺視到表象以下，涵蓋所有細節。你要小心檢視企業裡的每個細節，

特別是利潤與所產生的現金，以發展一套有用的企業策略。除非你的公司非常小而精簡，否則你一定可以只用兩分的努力或營收，獲取至少八分的利潤。問題在於，那百分之二十是什麼？

你的搖錢樹在哪裡？

請找出來，你公司裡哪個部門創造的利潤高，哪個部門收支勉強打平，哪裡是大麻煩。為了找出來，我們要依範圍做一次80／20利潤分析：

- 由產品或產品群（類型）來看
- 由顧客或顧客群（類型）來看
- 由任何與你企業有關的資料來看，比如地區或行銷管道
- 由競爭的部門來看

先從**產品**開始看。你的企業一定會有關於產品或產品組的資訊。請檢視每種產品在前一段時間、上個月、上一季或上一年度的表現（要判斷哪一筆資料最可怕），在分配所有的成本後，計算

出各產品的利潤。

這樣做到底是難或易，依你所蒐集的管理資訊而定。你所需要的資訊可能馬上可以獲得，但如果不能，你就要自己建立。你必須知道產品的銷售數字及產品的獲利（也就是銷售總額扣掉銷售本身所花的費用）。你也要知道整個企業的所有成本（也就是所有的經常開銷）。然後，你要依據某些合理的基礎，把經常費用分攤給每一項產品。

最粗糙的方法是依照營收的百分比來分配。不過，稍加考量後，你應該就會知道這種作法並不精確。以產品的價值而言，有些產品花了銷售員太多時間，有些產品卻花太少。有些產品做了很多宣傳，有些產品一點也沒有做。有些產品在製造方面很複雜，但有一些的生產過程很簡單。把一項經常費用拿來分攤在每種產品上。接著分攤下一項費用。依此處理每一項成本後，再觀察結果。典型的情形是，有些產品，在分攤了費用之後，發現它虧損極大。

97頁上表的數字，是我最近為一家電子儀器公司所做的研究。如果你喜歡以圖表的方式表現數字，可以看97頁下圖。另外，我們在98頁也畫出了這家公司的80／20表與圖。

我們可以從第98頁的兩個圖表看到，產品小組Ａ只有百分之三的銷售量，卻有百分之十的利潤。產品小組Ａ、Ｂ、Ｃ共有百分之二十的銷售量，但有百分之五十三的利潤。用一張80／20表或圖來看，這一點就非常清楚了。

產品	銷售（$000）	收入（$000）	銷售報酬率（%）
產品小組A	3,750	1,330	35.5
產品小組B	17,000	5,110	30.1
產品小組C	3,040	601	25.1
產品小組D	12,070	1,880	15.6
產品小組E	44,110	5,290	12.0
產品小組F	30,370	2,990	9.8
產品小組G	5,030	(820)	(15.5)
產品小組H	4,000	(3,010)	(75.3)
總計	119,370	13,380	11.2

儀器公司各產品小組的銷售和利潤表

儀器公司各產品小組的銷售和利潤圖

	銷售百分比		利潤百分比	
產品	小組	累計	小組	累計
產品小組A	3.1	3.1	9.9	9.9
產品小組B	14.2	17.3	38.2	48.1
產品小組C	2.6	19.9	4.6	52.7
產品小組D	10.1	30.0	14.1	66.8
產品小組E	37.0	67.0	39.5	106.3
產品小組F	25.4	92.4	22.4	128.7
產品小組G	4.2	96.6	(6.1)	122.6
產品小組H	3.4	100.0	(22.6)	100.0

儀器公司產品小組80／20表

儀器公司產品小組80／20圖

我們還沒有發現百分之二十的銷售量成就了百分之八十的利潤，但是我們有另一種結果。不是80／20，而是67／30：百分之三十的產品銷售量約占了百分之六十七的利潤。你可能已經在想，該如何提升這百分之三十的銷售量。比如說：你可能會重新分配原本用在其他百分之八十的銷售努力，要銷售人員把產品小組A、B、C的銷量加倍，不要管其他產品。如果他們做得好，銷量也許只提升了百分之二十，但利潤提升超過百分之五十。

你也可能已經在考慮，要降低產品D、E、F的成本，或提高它們的價格；或是想著縮減G、H的費用，甚至完全停止生產G與H。

顧客方面利潤如何？

看完了產品之後，我們繼續看**顧客**這部分，也做一次和前述產品一樣的分析，但請檢視每個顧客或顧客群的總購買量。有些顧客付出的價錢很高，但服務他的費用也高：這些通常都是比較小的顧客。非常大的顧客可能很容易應付，而他們購買同類產品的量很大，不過他們會殺價。有時，這些差異可以互相抵銷，但是通常不會。100頁兩種圖表說明前述電子儀器公司這部分的結果。

關於顧客再做一些說明。A型顧客群很小，出的價格非常高，也相當有賺頭。服務他們的費用十分昂貴，不過所得的利潤遠超過這些花費。B型顧客是經銷商，他們比較容易下大訂單，服

顧客	銷售（$000）	收入（$000）	銷售報酬率（%）
A型顧客	18,350	7,865	42.9
B型顧客	11,450	3,916	34.2
C型顧客	43,100	3,969	9.2
D型顧客	46,470	(2,370)	(5.1)
總計	119,370	13,380	11.2

儀器公司顧客群的銷售和利潤表

儀器公司顧客群的銷售和利潤圖

務費用低，然而為了某些理由，他們也可能接受相當高的價格，主要是因為買進的電子零件只占他們總成本的一小部分。C型顧客是出口商，他們付高價，不過麻煩的是，服務他們的費用非常高。D型顧客是大製造商，他們討價還價非常厲害，同時要求很多技術上的支援和「優惠」。

102頁的圖表是顧客群的80／20表與圖。

這裡顯示的是59／15法則與88／25法則：最能讓你賺到錢的顧客群，只占百分之十五的營業額，都可以讓你獲得百分之五十九的利潤；最能讓你賺到錢的百分之二十五顧客，占你獲利的百分之八十八。一部分原因是：最能讓你賺到錢的顧客，通常購買的是最有利潤的產品，也因為相較於攤在他們身上的服務開支，他們消費的金額比較高。

這樣的分析，可以讓你願意去發現更多A或B類型的顧客，即小一點的顧客群和經銷商。就算把發現這類顧客的費用算進來，結果仍然是有利的。對C顧客群（出口商）的定價可以視情況提高，同時可以用較低廉的服務來應付其中一些顧客，比如多用電話，不必面對面銷售。

至於D型的顧客（大型製造商），我們要個別處理。D型顧客當中的九個，包辦了百分之九十七的D型顧客總銷售量。在某些情況，向他們另外收取技術發展的服務費；有時提高價格；而在一場競標之後，三名顧客就技巧性地投向公司最敵對的對手陣營。其實，經理就是希望對手蒙受這些損失！

顧客	銷售百分比 類型	銷售百分比 累計	利潤百分比 類型	利潤百分比 累計
A型顧客	15.4	15.4	58.9	58.9
B型顧客	9.6	25.0	29.3	88.2
C型顧客	36.1	61.1	29.6	117.8
D型顧客	38.9	100.0	(17.8)	100.0

儀器公司顧客類型80／20表

儀器公司顧客類型80／20圖

把80／20分析法應用到顧問公司

分析了產品和顧客之後，我們要剖析在企業體中你認為重要的部分。在儀器公司的例子，我們沒有特別做分析，但可以用104頁的圖表來說明另一家策略顧問公司的營業情形。這兩張圖表顯示了56／21法則：大案子只占百分之二十一的營業額，但利潤有百分之五十六。

另一項分析，將企業分為「老」客戶（超過三年的客戶）、「新」客戶（還不滿六個月的客戶），以及介於其間的客戶，詳見第105頁的圖表。這兩張圖表告訴我們：百分之二十六的老客戶，帶來了百分之八十四的利潤，這是84／26法則。由此得到一個洞識：我們要努力留住老客戶，並要想辦法擴大這個客群。老客戶對價格最不敏感，服務他們也最不花錢。若不能把新客戶變成老客戶，讓他們對其他公司有了更多選擇的機會；一般認為，受到公司關心的顧客才會變成老主顧。

另外，第106頁的圖表扼要顯示了為顧問公司所做的第三項分析，將他們的案子分為購併、策略分析和營運計畫。這項分析示範了87／22法則：購併的工作大幅增加利潤，百分之二十二的營業額就有百分之八十七的利潤。後來顧問公司在購併方面的業務加倍努力！

在營運方面，將新、舊客戶加以分析後發現，在新客戶方面是賠錢的，而老客戶大約只能打平。因此這引導出一種決策：不要跟新客戶往來，而對老客戶提高收費，或是將整個專案交給其

業務分類	營業（$000）	利潤（$000）	營業利潤率（%）
大案	35,000	16,000	45.7
小案	135,000	12,825	9.5
總計	170,000	28,825	17.0

顧問公司大小專案利潤表

顧問公司大小專案利潤圖

業務分類	營業（$000）	利潤（$000）	營業利潤率（%）
老客戶	43,500	24,055	55.3
中間客戶	101,000	12,726	12.6
新客戶	25,500	(7,956)	(31.2)
總計	170,000	28,825	17.0

顧問公司新舊客戶獲利表

顧問公司新舊客戶獲利圖

業務分類	營業（$000）	利潤（$000）	營業利潤率（%）
購併	37,600	25,190	67.0
策略分析	75,800	11,600	15.3
營運計畫	56,600	(7,965)	(14.1)
總計	170,000	28,825	17.0

顧問公司專案類型獲利表

顧問公司專案類型獲利圖

區隔：瞭解與獲利的關鍵

檢視企業獲利的最好方法，就是將企業分成**具有競爭性的區隔**（competitive segment）。對於自己產品、顧客或其他相關的分析固然很有價值；而絕佳的見解，卻來自於根據競爭對手而細分出顧客和產品的組合。這麼做，聽起來難，做起來可不難，但是少有公司如此細分自己的營業，所以需要解說一下。

什麼是競爭區隔？

競爭性區隔，是指你公司的業務中，面對不同競爭者或不同競爭力的部分。

舉出你公司對你來說重要的部分，也許是一項產品、一種客群、一條針對單一顧客類型的產品線，或任何其他區分。現在問自己兩個簡單問題：

- **在你的公司中，和其他部門相較，這一部分會不會常要面對主要的競爭者？** 如果是，那麼這部分就是一個獨立的競爭區隔（簡稱為區隔）。

他專業顧問公司處理。

如果你在區隔中面對的是專家型的競爭者，那麼你能獲利多少，要看你和對手的產品及服務與顧客如何互動，然後消費者比較喜歡誰。同時，也要看和競爭者比起來，你提供的產品或服務成本是多少。不管怎麼樣，你的競爭者會決定你能獲利多少。

因此，請分別檢視你公司內的各個部分，並訂出一套可以擊敗對手（或與對手共謀）的策略。

如果你要觀察的部分和另一個部分面臨同一個競爭對手（比如說，Ａ產品和Ｂ產品的主要對手是同一個），那麼請問自己另一個問題：

■ 在這兩個區隔中，你和你的競爭者是有相同的銷售率或市場占有率，還是對方在一個區隔表現比較優秀，而你在另一個區隔卻居上風？

舉例來說，假設你的Ａ產品有百分之二十的市占率，而頭號競爭者卻占百分之四十（占有率是你的兩倍）：那麼Ｂ產品是不是也一樣，他們的市占率是你的兩倍？如果你擁有Ｂ產品百分之十五的市占率，但你的競爭者只占百分之十，那麼這兩種產品就有不一樣的競爭位置了。

這一定是有原因的。消費者可能比較喜歡你的Ｂ產品，但喜歡你對手的Ａ產品。也可能是因為你的Ｂ產品很強，而對方的Ａ產品為你的對手並不關心Ｂ產品。或是因為你的Ｂ產品很強，而且定價很有競爭力，而對方的Ａ產品

很強，定價很具競爭力。不過在目前這個階段，你不需要知道原因。你只需要觀察到，儘管你面對的是同一個競爭者，你們在兩個區隔的優勢不同。所以這兩個區隔要分開來看，或許獲利也不盡相同。

心中有對手

傳統的業務分類方式，是從產品或從公司組織內各部門來畫分，但我們不採用這方法。心中要想著競爭區隔，這會直接讓你採取最重要的畫分方式，而你也應該用這種方式來思考你公司的事業。

在我們前面提到的儀器公司裡，經理們對於如何畫分公司的區隔有不同的看法。有些人認為產品是關鍵所在。有些經理則認為，最重要的是區隔顧客，究竟顧客是屬於管線事業（如天然氣和石油業），還是屬於有生產線性質的企業（如食物製造業者）。有三分之一的經理認為，美國國內的企業與對外輸出的行業差異相當大。由於經理們從不同的角度出發，而每個角度各有其道理，所以不管是在互相溝通或組織公司上，都難有進展。

將公司依競爭區隔來畫分，便消弭了這些爭論。規則相當簡單：如果你不用面對不同的競爭者或不同的競爭位置，就不必單獨做區隔。用這種方法，我們很快就得到一組看起來不優美、但非常清晰的區隔，大家一看就明白。

一開始，我們清楚知道，就大部分（但非全部）的產品而言，競爭者不同。當競爭者一樣、有類似的競爭位置時，我們就將這些產品歸在一起。不過大部分的情況下，產品是有區隔的。

接著我們要問，這些管線顧客的競爭位置，與有生產線的顧客是否不同，結果發現，只在一項產品上不同，但是在這項產品——液體密度機器中，頭號的競爭對手不一樣。因此，我們做了兩種區隔：液體密度機器的管線和液體密度機器的生產線。

最後我們問：每個區隔的競爭對手或競爭位置，在美國境內和海外市場是否不同。如果海外市場夠重要，那麼我們就要針對不同的國家詢問相同的問題：在英國、法國或亞洲地區，所遭遇的競爭對手都一樣嗎？在遇到不同競爭對手的國家，我們將企業再細分為不同的區隔。

最後我們共分為十五個大區隔（我們把非常小的區隔歸在一起，以免太瑣碎），通常是以產品及地理位置為準，但有個例子是以產品和顧客類型為準（也就是液體密度機器，我們將它區隔為全球管線和全球製程）。接著，我們分析每個區隔的銷售與獲利，如111頁的區隔利潤表與圖。

為了要強調收益和獲利之間的不平衡，我們可以再畫一次80／20表（第113頁）或80／20圖（第114頁）。我們可以從這些圖表中看到，前面六個區隔總共占總銷售量的百分之二十六‧三，但是利潤有百分之八十二‧九︰因此，這是一個83／26規則。

區隔	銷售（$000）	利潤（$000）	銷售報酬率（%）
1	2,250	1,030	45.8
2	3,020	1,310	43.4
3	5,370	2,298	42.8
4	2,000	798	39.9
5	1,750	532	30.4
6	17,000	5,110	30.1
7	3,040	610	25.1
8	7,845	1,334	17.0
9	4,224	546	12.9
10	13,000	1,300	10.0
11	21,900	1,927	8.8
12	18,100	779	4.3
13	10,841	(364)	(3.4)
14	5,030	(820)	(15.5)
15	4,000	(3,010)	(75.3)
總計	119,370	13,380	11.2

儀器公司各區隔的獲利表

儀器公司各區隔的獲利圖

儀器公司如何提高利潤？

第113與114頁這兩張圖與表，把重點放在三類公司上面。

最賺錢的一季是在第一至第六的區隔中，一開始分類時，這六個區隔被列為第一優先的A業務，必須快速成長。超過百分之八十的利潤來自這些區隔，而它們只用到一般的營運時間。於是他們決定多花一點時間在A業務上，變成占據全部經營時間的三分之二。集中銷售火力，希望賣出更多A業務的產品，而銷售對象是現有顧客和新顧客。他們知道，這一組區隔可以提供額外的服務，也能降一些價，利潤仍舊非常高。

第二組業務包含了區隔第七至十二。這一組區隔占總銷售量的百分之五十七，同時占整體利潤的百分之四十九，換句話說，獲利率稍低於平均數。這些區隔的優先順序為B，雖然在B類中有些區隔（如七與八）很明顯比其他區隔（如十一和十二）更有意思。這些區隔的優先順序，與本章剛開始時提出的兩個問題的答案一致，也就是說，視每個區隔是否為值得介入的市場而定，以及公司在每個區隔中所處的競爭位置如何。這些問題的謎底留待本章末揭曉。

在這個階段，決定把花在B區隔的所有經營時間，從大約百分之六十的總時間量減為百分之三十。比較不具利潤的區隔，也把價格提高了。

指定為優先順序X的第三類中，包含了產生虧損的區隔十三至十五。他們決定，對於這類區隔的處置方式跟區隔B一樣：在市場吸引力的分析和公司在各市場的競爭位置尚未確認之前，暫

	銷售百分比		利潤百分比	
區隔	類型	累計	類型	累計
1	1.9	1.9	7.7	7.7
2	2.5	4.4	9.8	17.5
3	4.5	8.9	17.2	34.7
4	1.7	10.6	6.0	40.7
5	1.5	12.1	4.0	44.7
6	14.2	26.3	38.2	82.9
7	2.5	28.8	4.6	87.5
8	6.6	35.4	10.0	97.5
9	3.5	38.9	4.1	101.6
10	10.9	49.8	9.7	111.3
11	18.3	68.1	14.4	125.7
12	15.2	83.3	5.8	131.5
13	9.1	92.4	-2.7	128.8
14	4.2	96.6	-6.0	122.6
15	3.4	100.0	-22.6	100.0

儀器公司各區隔的銷售和利潤80/20表

儀器公司各區隔的獲利力80/20圖

區隔	銷售百分比	利潤百分比
1	1.9	7.7
2	2.5	9.8
3	4.5	17.2
4	1.7	6.0
5	1.5	4.0
6	14.2	38.2
7	2.5	—
8	6.6	4.6
9	3.5	10.0
10	10.9	4.1
11	18.3	9.7
12	15.2	14.4
13	9.1	5.8
14	4.2	(2.7)
15	3.4	(6.0)
		(22.6)

優先順序	區隔	銷售%	利潤%	建議應採取的行動
A	1-6	26.3	82.9	提高銷售努力 增加經營時間 增加價格的彈性
B	7-12	57.0	48.5	降低經營時間 減少銷售努力 提高銷售價格
X	13-15	16.7	(31.4)	檢討生存能力
總計		100.0	100.0	

儀器公司之80/20分析法結果

區隔	市場有吸引力？	位置有利嗎？	獲利力
1	是的	是的	非常高
2	是的	是的	非常高
3	是的	是的	非常高
4	是的	是的	非常高
5	是的	是的	高
6	是的	是的	高
7	是的	普通	高
8	是的	普通	相當高
9	是的	不佳	普通
10	不怎麼樣	是的	普通
11	不怎麼樣	是的	普通
12	不吸引人	普通	不佳
13	是的	改善中	虧損
14	不吸引人	普通	虧損
15	不吸引人	不佳	虧損

儀器公司策略診斷表

時不採取行動。

不過，優先順序暫如第115頁上表所示。

在做最後決定之前，儀器公司的最高管理階層，檢視了除利潤之外的其他兩個問題，這兩個問題是策略的關鍵所在：

- 這個區隔是個吸引人的市場嗎？
- 在每個區隔中，公司的定位如何？

115頁下表表示電子儀器公司最後的結論。

接下來的行動

所有的Ａ利潤區隔都是有吸引力的市場──正在成長；新的競爭者若想要進入，會遇到極高的門檻；需求高於產量；無懼於競爭者的科技；面對面和顧客及供應商討價還價的能力很強。因此，幾乎所有這些市場的競爭者都利潤甚豐。

這家公司在每個區隔中的位置都不錯，也就是說，他們具有很高的市占率，是排行前三名的供應商。其技術高於平均水準，成本亦低於競爭者的平均支出。

這些區隔是最有利潤的區隔，所以，這項分析確認了80／20法則暗示的利潤比。區隔一至六因而保有Ａ區隔的地位，努力保持現有業務，並因老顧客和由新顧客轉為老顧客這兩方面的業務增加，而擴大了市占率。

接下來，在Ｂ類區隔當中可以做一些調整。區隔九很有趣：它的利潤普通，但這不是因為這個市場無法吸引人，相反地，這個市場非常具有吸引力，大多數的對手都有非常好的利潤。但是這家電子儀器公司在這個區隔中的市占率相當低，支出卻很高。這主要是因為他們還在使用過時的技術。

更新技術可能要付出非常多的努力，花費也相當昂貴。因此我們決定：要在該區隔中有所「收穫」，也就是說，少花一些力氣在維持業務上，並提高價格。我們知道，這種作法會導致銷售暫時降低，但是能得到較高的利潤。事實上，減少努力並提高價格確實可以提高獲利，但在短時間內會導致銷售量微幅下降。結果顯示，儀器公司自己守著舊技術不放，也就沒有別的供應商可以選擇──等到他們換用新技術，情形才好轉。結果，我這家儀器公司客戶的獲利，從百分之十二‧九提升到超過百分之二十，儘管一般認為這可能是暫時性的刺激。

在區隔十和十一，這家儀器公司占有主市場，但就結構來說，這兩個區隔是毫無吸引力的市場：這兩個市場在衰退，產量過剩，屬於買方市場，顧客可以把價格殺得很低。儘管事實上，這家儀器公司在這兩個區隔是市場的領導者，他們還是決定降低該區隔的重要性，並取消新的投資。

他們在區隔十二也做了相同的決定，卻是出於不同的理由。區隔十二的市場更不吸引人，而且公司只有普通的市場占有率。在這區隔中，他們的新行銷計畫和投資都只是次要的。那麼，類型X裡那些賠錢的市場又如何？我們發現，在類型X的三個區隔中，十四和十五這兩個區隔都很大，但都是不具魅力的市場，儀器公司在其中是很微不足道的競爭者，於是他們決定退出這兩個區隔。在其中一個區隔裡，是把一家工廠的一部分賣給競爭對手，賣出去的價錢非常低，但起碼有些現金，而且不但停止了虧損，還保留了一些工作機會。在另一個區隔中，則把所有運作都結束。

也在X小組的十三區隔，命運卻不一樣。雖然這個小組在這方面是虧損的，它卻是一個相當吸引人的市場：每一年都成長百分之十，大多數的競爭者都有高獲利。事實上，雖然該小組在分攤所有成本之後仍有虧損，這個區隔中的毛利相當豐厚。但是它有一點一點占市場，如果它可以持續提高占有率，三年內可望成為最大的供應商之一。到那時候，有了較高的銷售量來分攤成本，獲利也就能夠提高。他們決定多在區隔十三下工夫，讓X組盡快以最小的規模獲利。

別用80／20分析法驟下結論

前例中的區隔十三有助於說明一點：以80／20分析法來分析獲利情況，並不能提供我們所有的正確答案。分析得到的是在某個時間點的情況，無法（以此開始）提供足以改變獲利的趨勢全貌或力量。我們需要一個像80／20法則這樣的獲利分析法，但是若你想提出一套好策略，光靠80／20法則來分析是不夠的。

賺錢最好的方法，無疑是停止虧損。請注意，除了區隔十三，在這十五個區隔的十四個當中，一條簡單的80／20利潤分析法，多少可以提供正確的結果，而這十四個區隔占總收入的百分之九十以上。

這意思並不是說，有了80／20分析法，策略分析到此就告一段落，而是說，策略分析應該由80／20分析法開始。若要獲得全盤的認識，你必須審視不同市場的吸引力，以及公司在每個市場的位置。儀器公司所採取的行動以120頁的表概述之。

讓你的公司脫胎換骨

我們已經瞭解，要獲得一個區隔策略，80／20利潤分析是不可或缺的，但我們還沒有把80／

區隔	順序	特性	採取的行動
1-6	A	市場吸引人 位置有利 獲利力高	多管理 提升銷售力 獲取銷售彈性
7-8	B	市場吸引人 位置普通 獲利力好	保持現狀
9	C	市場吸引人 技術和位置 都不好	必須有斬獲 （降低成本，提高價格）
10-11	C	市場無魅力 位置有利 收益普通	少花一些力氣
12	C-	市場無魅力 位置普通 獲利力不佳	花很少力氣即可
13	A	市場吸引力 位置逐漸有利 虧損	快快取得占有率
14-15	Z	市場無魅力 定位普通或不良 虧損	轉手或結束

儀器公司採用80/20分析法之後的行動

20法則發揮得淋漓盡致——該法則對於你的公司在下一階段應該朝哪個方向躍進,有莫大的助益。我們總以為,我們的組織和所處的產業都盡力了。我們也認為,商業世界的競爭激烈,也已達到某種平衡。這真是大錯特錯。

你最好一開始就假設,你的公司一團糟,應該重新組織,讓公司更有效率,以因應顧客需求。同時就你的公司來說,你的野心應該是在接下來的十年讓公司轉變,讓公司員工在十年後回顧時,悲傷地搖頭說:「我簡直不能相信我們過去是用這種方式做事,我們以前真是瘋了!」重點就在創新:創新對於未來的競爭優勢相當重要。我們以為創新很困難,但若以創意運用80/20法則,創新可以是輕而易舉且趣味盎然!請想一想下列觀念:

- 在所有產業裡,百分之八十的利潤是由百分之二十的產業所賺取的。將你所知最有利潤的行業,如製藥業和顧問業,列出一張表,同時問問自己,為什麼你所處的產業不能像這些產業一樣?

- 在任何一個產業,百分之八十的利潤是由百分之二十的公司所賺取。如果你不屬於這百分之二十,那麼有什麼是他們正在做,但你還沒做的?

- 顧客百分之八十的認知,得自於公司平日百分之二十的作為。以你的情況而言,這百分之二十是什麼?是什麼狀況讓你無法做得更好?是什麼阻礙你,讓你無法把這百分之二十做

- 到最好？

- 一個產業裡，百分之八十的作為，最多只會產生百分之二十的利潤給顧客。這百分之八十的作為是什麼？何不考慮將之除去？舉例來說，如果你是個銀行家，為什麼要開分行？何不透過電話和網路來統合服務？達到像自助服務一樣的簡化效果？可不可能由顧客承擔若干服務的費用？

- 任何產品或服務產生的好處，有百分之八十來自百分之二十的成本。許多消費者會買拆封過的廉價品──在你的產業中，有沒有人提供這項服務？

- 百分之八十的公司利潤，來自其百分之二十的顧客。你有沒有遇到這個比例不均的現象呢？如果沒有，你需要做什麼才能得到它？

為什麼你需要人

舉一些轉型產業的例子，可能有助於說明。我祖母過去在街角開了一家雜貨店。她會收到一些訂單，然後挑出貨品，我（或其他比較可靠的男孩）就會騎著腳踏車，把這些東西送去給客人。後來城裡開了一家超級市場。超級市場吸引顧客選擇自己的食品雜貨，然後帶著這些東西回家。超市也提供較多的貨品，價格較低廉，還附有停車場。不久之後，我祖母的顧客都蜂擁到超級市場消費。

有些產業（像汽油零售業）很快也採用自助式服務。但是其他產業，像是家具零售業與銀行界，卻認為自己不適合。然而，每過幾年就有一個新的競爭者顯示，「自助式服務」這種老點子還是可以產生新意，家具界的Ikea就證明了這一點。

打折也是一種長青的轉型策略：提供較少的選擇、較少的裝飾、較少的服務與較便宜的價格。百分之八十的銷售量，集中於百分之二十的產品——那就只進這些產品。另外，我過去曾為一家酒商工作，這家酒商的店裡進了三十種不同類型的紅葡萄酒。誰會需要這麼多選擇？結果這家公司被一家折扣連鎖店購併，現在開了一家大型的酒類賣場。

五十年前，誰會想到人們會想進速食店呢！而今天，又有誰想得到，那種提供一份菜色有限的菜單、環境炫目、價格合理，而且堅持客人坐滿九十分鐘就必須離座的餐廳，居然大大威脅了傳統餐廳！

運用機器可以更便宜，為什麼我們還要堅持僱用人做事呢？何時航空公司才會開始使用機器人為你服務呢？大部分人還是比較喜歡人類，但機器更可靠，也比較便宜。機器讓我們只花百分之二十的代價，卻獲得百分之八十的好處，有時服務更好、更快，成本更少，自動提款機就是這樣。要不了多久，只有像我這樣的老古板，才會覺得人類服務比較好，但就連我都會被機器動搖。

地毯該換了嗎？

再舉最後一個例子，說明它如何運用80／20法則轉變公司的財富，而且改變了整間公司看看喬治亞介面公司（Interface Corporation of Georgia）吧！現在是一家年營業額八億美元的地毯供應商。這家公司過去只賣地毯，現在也出租地毯，是一塊塊接合的地毯，而非整塊地毯。介面公司意識到，在一塊地毯上，百分之八十的磨損出現在百分之二十的地方。通常，地毯到了該替換時，大部分仍然完好。在介面公司的出租計畫中，地毯的某一塊只要檢查出任何磨損或毀壞就更換。

這種作法同時降低了介面公司和顧客的成本。一個小小的80／20觀察，改變了一家公司，並且可能導致這個產業廣泛的改變。

結論

根據80／20法則來看，你的策略不對。如果你所賺的錢當中，大都來自一小部分的活動，你就該全面改變你的公司，並集中精力增加這一小部分的活動。然而，這只是解答的一部分，在企業需求的背後，還潛藏著更有力的真相。接著，我們即將轉而探討這個主題。

5 單純就是美
複雜為浪費之母

80／20法則精華

- 高階主管喜歡複雜。
- 成功企業的高階主管總是忙著讓公司變複雜。
- 複雜會導致公司的獲利下降，此時公司把重心放在邊緣業務，而非單純且有利潤的業務。
- 要讓公司更有賺頭，就要單純化，同時盡可能拓展高利潤的新業務。
- 小不一定美；規模大又單純，才美。
- 想創造很棒的事物，方法是創造出單純的事物。
- 進步需要單純。單純來自毫不留情。所以說，單純就是美，且極為罕見。

我的努力，都是以簡化為目標。一般人能擁有的東西太少，連基本必需品都太貴（那就別提

奢侈品了,雖說我認為人人有權享受奢侈品)。這是因為,我們把所有東西造得太複雜了,它們不必這麼複雜。衣服、食物、家飾裝潢,都可以再單純一些,也更好看一些。

——亨利‧福特(Henry Ford) 1

在前面幾章,我們已經清楚看到,所有的企業或公司自身各個部分的獲利程度並不一樣。80／20法則提出一套聽來相當駭人的假設:一家典型的公司裡,五分之一的總收入,等於全公司五分之四的利潤與現金。反過來說,一般公司的五分之四營收,只是它五分之一的利潤和現金。這是個怪異的說法。

假設有一家公司總營收是一億英鎊,總利潤是五百萬英鎊,用80／20法則來解釋,就是它其中兩千萬英鎊的銷售額產生四百萬英鎊的利潤,獲利率是百分之二十;其他八千萬的營收只產生了一百萬的利潤,獲利率是百分之一‧二五。這表示,這家公司有五分之一的業務,獲利率是其他業務的十六**倍**。

特別的一點是,經過檢驗之後,80／20法則提出的假設都是正確的,至少跟事實相去不遠。這怎麼可能?直覺來看,我們當然知道,公司裡有些生意比其他生意賺錢,但獲利率是其他生意的十六倍?怎麼可能!求你相信,恐怕你都不願意。委託我審視公司產品獲利情況的主管人員,第一次看到這樣的假設與說明時,也都不相信。待他們細看假設並加以檢驗,仍深表困惑。

接下來，通常換成是經理級的人不能接受，他們沒辦法割捨公司不賺錢的那百分之八十業務。他們的理由看似合理：這百分之八十業務對公司的經常性開銷很有幫助。他們說，若把這百分之八十刪去，一定會降低獲利，因為根本不可能把經常性開銷減掉百分之八十，在任何時間都不可能。

遇到這種情形，一般的企業分析師或顧問都會向經理人讓步，只把公司最糟糕的業務剔除，只針對真正能賺錢的業務多做一點點努力。

但這種出於誤解的妥協是很可怕的。鮮少有人會停下來問：**為什麼**不賺錢的業務不好。更少有人思考，在理論上和實際上，一家公司可不可能完全只做最能賺錢的事，然後刪掉百分之八十的經常開銷。

事實上，不賺錢的生意之所以不賺錢，是**因為**它需要使用經常性開銷，也因為一家公司會由於不同性質的業務繁多，使得組織複雜無比；又因為最賺錢的業務沒有經常性開銷，或者只需要一點點。一家公司可以只做最**能**賺錢的事；這生意一定**能**賺錢，只要你把事情重新組織一番為什麼？因為，單純就是美。一間單純的公司一旦成功，經理人就忙著讓公司變得很複雜。等公司變複雜了，它的獲利卻大大降低。這不只是因為公司多進行一些周邊的事務；也因為，讓公司變複雜的行動是人類行為中最會降低獲利的事。

接下來我要說，這過程可以反過來。複雜的事可以變單純一些，利潤可以增加——只要你明

複雜真是醜

我們這些相信80／20法則的人，如果不能向別人證明「單純就是美」，以及為什麼單純就是美，便永遠無法讓產業有所轉變。如果人們不能理解這一點，便不會願意放棄現有業務和開銷的百分之八十。

所以，我們必須回到基本道理，把一般觀念中認定的商業成功之道做一番修正。欲達此，我們先要討論現今正熱門的問題：公司的大小究竟是助力或阻力。解決了這個爭論，我們也就可以說明，為什麼單純就是美。

在產業結構中，現正遭逢一件非常有趣且前所未見的事。自工業革命以來，公司是愈變愈大，愈來愈多樣化。直到十九世紀末，幾乎所有公司都屬於國家，或至少和國家有關，絕大部分的利潤來源都在國內，而幾乎所有公司只有一條產品線。這個情況在二十世紀有一連串的變化，改變了商業本質，也改變了我們的日常生活。首先最要感謝汽車大王福特讓汽車「平民化」，帶來新興的生產線工廠，使得一般商號的收入多賺幾倍。他創造了史上未見的大眾消費商品，大大降低生產消費品的成本，使得大企業的力量日益增大。

然後，我們見到所謂的跨國企業興起，一開始是占據美洲和歐洲市場，後來便以全世界為商業版圖。接下來，出現大型聯合集團，這是一種新形態的企業，不自限於一種商務，而是快速把觸角伸向許多產業，旗下擁有無數產品。而後，出現了併吞式的惡性接管，主要動力是出於管理上的野心和財務上的理由，這使得公司變得更大。最後是這三十年來，由於企業領導人（主要是日本企業）一心一意想在自己的首要市場取得全球的領導地位，也盡可能多攻占國際市場。崇尚大企業的作法至此是最後的發展。

二十世紀的前面七十五年，我們看到一般以擴大為目標的企業發展，以及日益加大的企業活動範圍，其勢沛然莫可禦之。但在最近二十年，原本追求擴大企業活動範圍的作法反了過來。一九七九年，《財星》（Fortune）雜誌所選的全美五百大企業，共占全美市場將近百分之六十的產品，只是到了九〇年代初，降為百分之四十。

這表示小即是美？

不。當然不是。企業領導人和策略分析師長久以來相信，經濟規模和市場占有率非常重要；這想法絕對沒錯。經濟規模大一些，分攤固定支出（尤其是屬於固定管銷費用的主體支出）的範圍就大一些，因為現在工廠如此追求效率。市場占有率也有助於提高定價：最受歡迎的廠商，也就是市占率最高、有最好的口碑和品牌，以及顧客忠誠度最高的廠商，應該會比市占率低的廠商

有更高的利潤。

但為什麼大廠商會被小廠商占去市場？為什麼在經濟規模和市場占有率的優勢，理論上可以帶來較高的獲利，實際上並不然？又為什麼，明明看見銷量擴大，獲利和資金的回收卻下降？照理論來說，不是應該成長嗎？

為複雜所付的代價

以上問題最重要的答案是：**複雜必須付出代價**。規模不是問題，複雜才是問題。如果規模大，但沒有變複雜，一定能使單位成本降低──提供更多的產品或服務給同樣的顧客，只要產品或服務維持原樣，就一定可以多賺。

然而，增加了規模後，很少也能維持同樣的產品或服務。就算顧客相同，所增加的規模通常是來自翻新現有的產品，或是提供新產品，並提供新服務。這麼做需要花高額的管銷費用，而且通常是看不見的開支。如果情況牽涉到新顧客，那更糟。招徠新顧客時，通常在一開始要花頗多的開支，而新顧客的需求往往與老顧客不同，這讓事情更複雜。

內部的複雜造成看不見的支出

假如新的業務與現行業務不同，即使只是一點點不同，也多半會造成開銷增加──不與新業

單位成本 / 市場占有率

業界的規模曲線
競爭者A
競爭者B
複雜的影響
單純化之後可能出現的規模曲線

複雜的代價

務的增加成比例,而是遠遠高於比例。這是因為複雜的情況拖慢了單純系統的速度,經理人得面對新的情況並回應新的需求。停下來,重新開始,與新的人溝通(及溝通不良)等等,都需要付出。而在工作進行中出現的人際「代溝」最花錢——你必須等另一個人參與,接著重新開始,然後又遇到一個代溝。這些支出都很嚇人;由於它們大都是看不見的支出,殺傷力尤其驚人。

這個情形可以用上圖說明。競爭對手B比A大,但成本比較高。這不表示規模曲線(scale curve,增加的量等於較低的支出)無效;相反地,這是因為B量增加了,換得的是複雜度也增加。規模曲線是成立的,但它的好處被額外增加的複雜給

單純就是美，可以解釋80／20法則

瞭解了複雜的代價，讓我們在企業規模大小的論辯上，前進了重大的一步。並非「小就是美」。大也可以是美，若其他情形相同的話──問題是，其他事情不會相同。大只會是醜的、代價昂貴的，因為大就是複雜。大，也許可以是美的；但單純，一直都是美的。

研究管理的人，太晚認識單純的價值。最近有一項關於三十九家德國公司的研究出爐，帶領這個研究的是侯默（Gunter Rommel）。[2]這份研究發現，在贏家與不算成功的公司之間，只有一個重大的區別：單純與否。贏家的產品類型少，顧客數目少，供應商也少。這份研究最後認為，一個單純的組織最適合銷售複雜的產品。

這項突破性的認知有助於解釋，為什麼看似不合理的80／20法則竟適用於企業獲利，又如何應用於企業獲利。五分之一的營收，產生五分之四的利潤。前百分之二十的營收，比最後百分之二十的營收多十六倍的利潤。單純就是美，這道理可以解釋80／20法則的原理：

- 單純且純粹的市場占有，其價值比我們過去所認識的還要高。從純粹的規模而得的利潤，

- 業務中若有某些部分是成熟與單純的，則它們的獲利可以非常驚人。減少產品的類別、顧客的數目和供應商的量，通常能帶來較高獲利，一來因為你可以好好專注在能獲利的活動和顧客上，二來也因不必為了複雜而多花管銷方面的支出。

- 公司常會根據不同產品，尋找不同程度的外援，向外面的資源買進貨物或服務（行話叫外包）。外包是減少複雜與開支的絕佳方法。最好的方式是先判斷，在整個增加價值的生產鏈中（研發－製造－配銷－銷售－市場行銷－服務），你的公司在哪個環節最具競爭優勢，一旦找到，就要狠下心來，把其他不具優勢的部分全部外包出去。這樣做，可以把絕大部分因複雜產生的支出省下來，並且加快產品上市的時間。結果就是：成本降低，價格往往還可提高。

- 簡化可以去除中央統籌功能，也省了花在這上面的費用。一旦你只有一條產品線，就不需要一家總公司或總店，也不需要地區性的分公司或分店。去除總公司，可大大提高獲利。總公司或總店的壞處不在於開支，而在於它們把真正在做事、真正為顧客提供價值的人的

關於不採取行動的最蹩腳藉口

當經理人見到80／20法則分析出的結果時，他們常常辯稱，他們不能只專注在一個最賺錢的區隔上面。他們表示，比較不賺錢的區隔，對經常性的管銷開支來說，是有貢獻的。這真是我聽過的最蹩腳也最自以為是的藉口。

如果你專注在一個最賺錢的區隔上，你可以讓它快速成長，一年成長百分之二十，甚至更

責任和動機都奪走了。若把中央指揮去掉，企業就可以真正專注在顧客身上，不必管什麼因管理層級而來的問題。

公司不同性質的業務，會遇到不同程度、總管理上的干預和開支。務，通常是自生自滅的業務，總管理方面沒有提供任何「協助」。所以，每當80／20法則付諸實行後，高階主管總是嚇一跳，最賺錢的怎麼會是總管理完全沒有照顧的產品。

- 最後，若某部分的業務性質單純，通常很可能是它與顧客比較接近，這部分，顧客覺得有人聽他們說話，自己受到了重視，願意多花一點錢來獲取這種受重視的感覺。對顧客來說，覺得受重視和有價值，是同樣重要的兩件事。單純化，既可降低成本，又可提高價格。

追求最單純的百分之二十

最單純且最標準化的事物，比複雜的事物更有產能，也更能有效運用成本。不管是對共事的人、消費者或供應商來說，最單純的話最好聽，也最放諸四海皆準。同時，單純的結構和流程最吸引人，成本也最低。讓顧客直接進入你的業務範圍，如自助式服務，這會增加選擇，創造經濟，帶動速度與消費。

試著在每一項產品、每一句行銷文案、每一種銷售管道、每一個產品設計、每一次服務或顧客回饋中，辨認出哪些是這單純的百分之二十。培養出這單純的百分之二十。一次又一次修改調多。請記住，在區隔市場中最先卡位和取得顧客參與是強大的力量，比你必須全面推動企業成長來得簡單，若你在這方面做得好，很快就可以不需要其他不賺錢的區隔來分攤管銷支出。

其實你也不必多等，直接就把討厭的開支給刪掉。較不賺錢的區隔可以賣掉，不要管它們能分攤開銷之類的事（千萬別理會會計人員哭訴，支只是紙上數字，而非實際現金支出。就算真有現金支出，通常也很快賺回來）。第三種方式是在區隔之中賺錢，刻意失掉市場占有率。這是獲利最高的方式。放掉較不賺錢的顧客或服務，刪去全部的支援和銷售系統，提高價格，讓營業數字掉個百分之五到二十，而你仍然能笑著走進銀行。

康寧公司的經驗

一家陷入危機的公司，如何運用80／20法則來簡化，並增加獲利？康寧（Corning）公司的經驗是絕佳的案例，值得研究參考。康寧公司生產汽車排氣系統用的陶瓷基礎底層（substrate），在美國俄亥俄州的葛林威爾（Greenville）和德國的凱瑟思勞頓（Kaiserslautern）有兩處工廠。[3]

一九九二年，康寧在美國的業務情形很糟，九三年在德國的市場急遽衰退。康寧公司的高階主管沒有因此慌了手腳，而是仔仔細細檢視所有產品的獲利情況。

這時候的康寧和全世界其他公司一樣，主管階層是用一套標準的成本系統來決定該生產什麼產品。但這套標準成本系統無法區分產品的產量高低，也就無法顯示各個產品的獲利情形。而這正是需要運用80／20法則來改善的部分。我們把各種支出，如超時、訓練、設備更新和停機等變數加以分攤。結果令康寧大吃一驚。

舉德國廠的兩個產品為例。一個姑且叫作R10，這是高產量，單純對稱造型的陶瓷基礎底

50／5法則

在康寧所進行的分析,很自然地發展成一個80／20法則的同類:50／5法則。

依照50／5法則,一家公司百分之五十的顧客、產品、組成成分和供應商,只能帶來不到百分之五的利潤。擺脫掉這低產量(且屬負面價值)的百分之五十,是降低複雜度的一大關鍵。

50／5法則在康寧是成立的。在他們葛林威爾廠的四百五十項產品中,一半的產品加起來共占了百分之九十六‧三的獲利率,另一半的產品只占百分之三‧七。在德國廠這邊,百分之五十低產量的產品約占總銷量的百分之二到五,依時節而略有不同。在這兩處工廠,低產量的百分之五十產品都帶來損失。

層;一個叫R5,產量低很多,是個造型奇特的產品。R5的標準成本比R10高百分之二十,但是把為了生產R5所發生的工程支出等全部算進成本之後,成本竟然比R10高五千倍!

仔細一想,這數字是可信的。因為R10根本是自己照顧自己,而R5需要那麼多工程師來生產,讓它依顧客的指定量身製造。因此,如果只生產R10,就不需要花錢養高價值工程師來生產,讓它依顧客的指定量身製造。因此,如果只生產R10,就不需要那麼多工程師。他們依此進行,把產量低、不賺錢的產品去掉,工程產能省下了百分之二十五。

多了反而糟糕

追求量的增加，最後會陷入慘境。量的增加，造成邊緣性質的產品和顧客，並造成管理上的複雜度。由於複雜對經理人來說，是既有趣又有成就感的事，通常會被容忍，甚至受到鼓勵，直到最後公司負擔不起，才會驚醒。在康寧，工廠裡滿是不賺錢又複雜的業務。為了解決問題，他們把產品減為一半；他們原有一千家供應商，但其中兩百家占全部供應量的百分之九十五（95／20法則）。整個組織經過重整瘦身，變得有效率且精簡。

在市場低迷的時候，康寧的情況好轉了。這聽起來矛盾，但事實的確如此。一個較小、較單純的運作系統，很快就穩住了獲利。少即是多。

經理人愛複雜

在這時候，很值得我們思考一個問題：複雜只會毀掉價值，但為什麼，目的是增加獲利的營利組織，竟然要變得複雜？

哀哉，答案之一是：經理人喜愛複雜。複雜是思考上的挑戰，複雜使人精神為之一振。複雜，為經理人帶來有意思的工作內容。有人認為，就算沒人管，複雜還是會冒出來。此話誠然不假，但是經理人的確是為複雜推波

用單純來降低成本

商業世界和人生一樣,事情總是朝複雜的方向發展。所有組織在本質上都是沒有效率且浪費的,特別是大型和本來就複雜的組織,尤其如此。他們沒有專注在應該關心的事物上;他們應該在顧客和潛在顧客身上多加價值。凡是無法達成這目標的活動,都缺乏生產力。然而,大部分的大型組織還是在進行無生產力的昂貴活動,而且這種活動的數目極其龐大。

每個人和每個組織,都是許多相對抗的力量協力造成的產物。而這對抗,是由許多瑣碎、不重要的勢力,共同對抗少數但必要的勢力。這些瑣碎無用的多數,代表組織無所不在的惰性和無能;那些少數的必要,是可以讓組織突破的效能、優秀與適用。大多數的活動,幾乎都不能帶來價值和改變;但若干強力的干預會造成極大的衝擊。這樣的對抗很難察覺,因為是同樣的人、同樣的單位、同樣的組織,既產生大量的薄弱(或負面)效果,又產生看似高價值的產出,而我

們只能從整體結果試著分辨。結果，我們常常分不出垃圾，也看不見寶石。

所以，任何組織都可以做到降低成本，讓顧客享有更高的價值，方法是簡化進行中的活動，並消除低價值或負面價值的活動。

注意以下幾點：

- 複雜會造成浪費；效能來自於單純。
- 大部分的活動毫無意義，構想上了無新意，執行上造成浪費，對顧客來說，通常毫無關聯。
- 有一小部分的活動極為有效，在顧客眼中很有價值。這些都不是你所想的活動，它們通常是看不見的，掩埋在一大堆較無效的活動之中。
- 所有組織都同時擁有兩股力量：一是缺乏生產力，一是高生產力：這些勢力是人、關係和資產。
- 不及格的表現，總是在固定的一些地方出現，也都躲在一小群優良表現的庇蔭之下。
- 總是有很大的改進空間，只要改一下做事的方式，並且少做一些。

把80／20法則銘記在心，只要你研究了公司的產出結果，極有可能發現，四分之一到五分之一的活動，等於四分之三或五分之四的利潤。擴增那四分之一或五分之一。然後，擴增剩餘四分

用80／20法則降低成本

所有有效降低成本的方法，都用到三種80／20法則的見解：**簡化**——藉由去除不賺錢的活動；**專注**——專注在幾項帶動進步的關鍵動力；**比較**——比較各項事實。第二和第三項需要再加以闡述。

有所挑選

不要在每件事上都使出同樣分量的力氣。降低成本可不是檢便宜的活兒！找出最有潛力、能降低成本的地方（也許是整個公司所有業務的百分之二十），然後把你百分之八十的力氣放在這裡。

卡思柏（Carol Casper）談到批發業的變化時，說過：

不要被巨細靡遺的分析搞得動彈不得。使用80／20法則會有幫助。問自己幾個問題，哪些是應該解決掉的時間黑洞；在你目前的程序中，哪些是你應該專心處理的百分之八十的進度延遲和

成本；還要明白，該如何對症下藥。[5]

康頓（Ted Compton）則說：

若想要成功，就得分清楚輕重⋯⋯多數組織都可用帕列托法則來說明：百分之八十的重要部分，是用百分之二十的成本達成的⋯⋯例如，太平洋貝爾公司（Pacific Bell）的顧客付款中心有一份研究發現，該中心有四分之一的時間在處理百分之〇‧一的繳付款項，而這裡面有三分之一的付款處理了兩次，有時還不只兩次。[6]

在降低成本或提高產品與服務的品質時，務必謹記一點：同樣的支出不表示獲得顧客同等的滿意度。花出去的錢當中，有一些極具效果，但大部分的支出與顧客在乎的東西沒有多少關係，甚至全然無關。找出這有效果的一小部分，珍惜之，並想辦法擴增之。而後把其餘無效的部分全部拋開。

單純所含有的力量

商業活動充滿著浪費，浪費與複雜則是互相滋養、維持，所以單純的業務總比複雜的業務來得好。規模通常是有用的，對任何程度的複雜來說，業務大一些總是好的。最好是又大又單純。

想要創造很棒的事物，方法是創造出單純的事物。凡是真正想要讓顧客享有更好價值的人，藉著減少複雜就能做到。大型企業總是塞滿過客：不賺錢的產品、流程、供應商、顧客，以及最重量級的就是經理階層。這些過客妨礙商業的演化。欲進步，就需要單純；單純來自毫不留情。

所以說，單純是美，且極為罕見。

6 最重要的客人
某些顧客永遠是對的

80／20法則精華

- 集中精力在一小部分的主要市場與顧客身上，這是最能帶來利潤，以及服務起來最有成就感、成長潛力最大的市場與顧客。請為這百分之二十提供出色的產品或服務。

- 在一共占你們百分之八十利潤的那百分之二十的顧客身上，付出極多力氣並發揮創意，讓他們開心並想辦法永遠留住他們，擴大這一塊的銷售占比；同時也要想辦法開發跟他們一樣的新顧客。

- 有些顧客屬於關鍵性少數，大部分顧客則不重要；有些顧客其實會造成虧損。

- 有些銷售和行銷活動的生產力高得驚人，大部分缺乏效率，有些只會讓你賠錢。

- 把重點放在你能為關鍵少數提供獨特產品的地方，或是別處找不到的好產品，而你能從中獲得很高的利潤。這麼一條化繁為簡的簡單原則，可讓你獲致成功。

成功的人若分析自己成功的原因，就會知道，80／20法則是成立的。百分之八十的成長、獲利和滿意，來自於百分之二十的客人。公司至少應知道這百分之二十是誰，才會清楚看見未來成長的前景。

——馬納塔拉（Vin Manaktala） 1

從福特以來的豐饒

能不能提出一套恰當的行銷手法，並且符合公司的整體策略，包括配合整個生產與運送的過程，80／20法則至關重要。但一開始，我們必須先清除一大堆關於工業化和市場的偽知識。比如大家常常說，現在我們置身後工業時代，公司不應該以產品為導向，應該以市場為導向，以顧客為重心。這樣的說法最多只說對了一半。以下先回顧一番過去的經驗，解釋這說法為什麼只說對了一半。

最開始，多數公司把重點放在市場，也就是他們的主顧客：行銷不是一項單獨的功能或活動，但小公司總能確定他們照顧到了顧客。

然後，工業革命發生，產生了大企業和專業分工（亞當‧斯密〔Adam Smith〕的別針工廠），

也有了生產線。大企業傾向先應付大量製作的低成本產品的生產，而把顧客需求擺一邊。福特說過一句名言：顧客可以擁有任何顏色的Ｔ型汽車，「只要那是黑色。」一直到五〇年代末，各處的大企業都是產品導向。

今日的行銷人員和企業人，當然會瞧不起過去產品導向的作法。事實上，福特式的方法是適合他那個時代的；但今日富裕的消費社會，著重的則是一方面要簡化產品且降低成本，一方面讓產品看起來有吸引力。從低成本的工廠，持續生產愈來愈「高階」（或換個可怕的字眼，「負擔得起」）的產品，銷售的對象是被以往市場摒棄的顧客。創造出大量生產的市場之後，也製造出空前的購買力，導致一個互利的發展：低成本、高消費、較高就業率、較強購買力、較高單位產量、較低單位成本……這是一個前進的循環。

由此觀之，福特不是以生產為導向的史前人類，倒是位有創意的天才，宣告了向庶民提供服務的開端。一九〇九年，他說他的任務是要「讓汽車平民化」。在那個有錢人才買得起車子的時代，這個目標簡直可笑。而Ｔ型汽車是大量生產的，價格只要當時車價的幾分之一，這讓事情動了起來。不管這是好事或壞事──就整體來說是好遠多於壞，我們享受到福特世界帶來的豐饒。^{2}

大量的工業化和創新，沒有就此停下。從冰箱到iPhone手機，不是光做了市場研究就製造得出來。十九世紀的人，不可能需要冷凍食品，因為他們沒地方貯放冷凍食品。從發現火，以及造出車輪以降，人類所有重大的突破都是生產上的大勝利，而後創造出自己的市場。說我們現在置

身後工業時代,簡直胡說八道。在這所謂的工業紀元,服務也跟實體物質的產品一樣,走上工業化的路。零售業、農業、語言、娛樂、教學、清潔業、旅館業,甚至餐飲業,這些在過去都是專門行業,並屬於私人享有的範疇,無法工業化,無法輸出。現在,這些全都快速工業化,某些甚且已經成為全球性的事業。³

六〇年代重新發現市場,九〇年代重新發現顧客

生產導向的作法,以製作產品、擴大產量和降低成本為重點。生產導向的成功,事實上凸顯了產品自身的缺陷。在六〇年代早期,商學院的教授,例如希奧多.李維特(Theodore Levitt),告訴經理人要以市場為重。他在《哈佛商業評論》(*Harvard Business Review*)登了一篇文章〈行銷近視〉(Marketing Myopia)鼓勵產業應追求「顧客滿意」,而非追求好的製造。這話猶如電擊。商界人士忙不迭要贏得顧客的心,而市場商學研究和市場調查蓬勃興起,快速成長,力求瞭解顧客究竟喜歡什麼新產品。市場行銷成為商學院的熱門主題,行銷部門的主管取代有生產背景的主管,成為新一代的公司最高執行長。大眾市場已死,聰明人現在談的是產品區隔與顧客區隔,時間推近一些,到了八〇與九〇年代,顧客滿意、以客為先、客人高興就好、客人即一切等等,變成最開明和最成功的企業掛在嘴上的目標。

顧客導向是對的，但有危險

以市場為導向並以顧客為重，這作法是對的，但也可能造成危險、甚至致命的副作用。如果一家公司旗下的產品伸向太多領域，或因太執迷於顧客導向，形成愈來愈多的邊際顧客，單位成本反會升高而獲利降低。產品範圍一旦變大，管銷支出會急速增加，此乃複雜帶來的後果。在工廠方面的支出現在已低到一個程度，通常不到產品銷售價格的百分之十。公司的開銷絕大多數不在製造廠，但如果產品範圍太寬，這些開銷會很駭人。

同樣地，追逐太多顧客會擴大行銷和銷售成本，造成後勤系統的開支。而最危險的是非常可能降低普遍行情，對新、舊顧客來說都是如此。

80／20 法則在這裡就非常重要了。它可以綜合產品導向和市場導向兩種方向，讓你專注在有利潤的行銷和以顧客為重的作法（哪像今日，以顧客為重的作法不賺錢）。

80／20 行銷福音

一家公司應該專心照顧「恰當」的市場和顧客，這些通常是公司已擁有的顧客中的一小群。

依傳統的行銷導向和以顧客為重的作法來看，這數目通常是百分之二十。

以下是三大金科玉律：

- 你的行銷方式和整個公司，應該集中精力，做出一項極其出色的產品或服務，使之在現有的全部產品線中占百分之二十。這一小部分會生產百分之八十的利潤。
- 你的行銷方式和整個公司，都應該放在占全公司百分之八十利潤的那百分之二十顧客身上，付出極多的力氣來讓他們開心，想辦法永遠留住他們，擴大這一塊的銷售占比。
- 生產和行銷真的沒有衝突。若你行銷的東西夠與眾不同，而且對你的目標顧客來說是在別處買不到的，或者說在你這裡得到的整套產品／服務／價格，比別處更有價值感，你才會成功。這樣的情況，在你現有的產品線上不會超過百分之二十，但這百分之二十可能可以提供整個公司百分之八十的利潤。如果你的公司沒有一項產品符合上述的成功條件，你只好開發一項符合這種條件的新產品，這時，你的行銷人員就必須變成產品導向。所有創新必是產品導向；你的創新一定是為了生產一項產品或提供一項服務。

在某些區隔裡以行銷為導向

若考量了每一項產品，包含管銷費用在內的所有成本後，你所有產品的百分之二十，會占你總營收的百分之八十；更可能占總利潤的百分之八十。美國加州沙加緬度零售店Raley's的美容商品採購人員比爾‧羅奇（Bill Roatch）說：

利潤的百分之八十，來自你產品的百分之二十。問題是，「對於零售業者來說」，另外百分之八十當中，你「在不失去業界地位的情況下」能丟開多少……你去問賣美容商品的人，他們說那一定有損銷售。若問零售業者，他們則會告訴你，刪掉一些應該沒問題。[4]

因此，合理的處理方式是擴大這最賺錢、賣得最好的百分之二十，削減其他銷售情況不佳的產品。可以邀供應商配合，在店裡針對這百分之二十做促銷。我們前面說過，永遠會有理由冒出來，告訴你說，你需要那百分之八十不賺錢的產品──在這個例子裡，理由是「怕失去在業界的地位」。類似這樣的藉口，出自一種奇怪的看法：消費者會分心去看一大堆無意購買的產品。在實驗這個說法是否屬實時，一百次有九十九次，把邊緣性質的產品從清單上剔除，不但能增加獲利，也一點不影響顧客的認知。

一家生產汽車美容商品（蠟、上光劑及其他洗車用品）的公司，藉由洗車來銷售自己的產品。這聽來很合邏輯，因為洗車行老闆一定也願意在他店裡多餘的空間擺售這些商品，小賺一筆。汽車美容商品公司想著，洗車店一定會把商品擺在絕佳的位置，並努力銷售。這家公司果然把產品賣給了洗車店。但是依照新的管理方式，做了詳盡的全面分析後，新的總裁巡視了五十家賣他公司產品的洗車店，發現他的產品被放在角落或很糟糕的位置，沒有好好照顧，也嚴重缺貨。「出現了80／20法則所說的情形」。[5]

新總裁對著洗車店老闆發表長篇大論，要他們振作起來，以正確的方式陳列產品。結果無效。其實，這家公司應該只管百分之二十賣得好的洗車店就好了，去瞭解這百分之二十的店什麼地方做對了？能不能在這部分多做一些？如何多找到一些這樣的店？由於成功的洗車店屬於大型連鎖系統，他們應該加強這些連鎖系統，別想著要改善獨立經營者的部分。

對某些顧客採取「以客為先」態度

集中注意力在占少數的好產品上很重要，但更重要的是關注占少數的最佳顧客。許多專業行銷人士現已有此認知。可以舉幾個例子說明，例如在電信業。

哈里森（John S. Harrison）曾在一份電信刊物撰文指出：

把精神放在真正造成競爭威脅的地方。在大多數情況下，80／20法則是成立的：百分之八十的營收來自百分之二十的顧客。找出那些帶來多數營收的顧客是誰，並想辦法滿足他們的需求。[6]

在合約的管理上亦然。川菲奧（Ginger Trumfio）在一篇題為〈建立關係⋯合約管理〉（Relationship Builders: Contract Management）的文章談到⋯

記住古老的80／20道理。與那占總人數百分之二十，但給了你百分之八十利潤的顧客保持緊密聯繫。每個星期天晚上，瀏覽一遍合約檔案，看看哪些人你許久沒合作了，寫下他們的名字，寄張卡片或打通電話。[7]

成功的行銷別無他途，唯有專注於一群占總客戶群中的少數，但最主動消費產品或服務的顧客。有一小群顧客是買很多的那種人；有一大群顧客則是買很少的人。買很少的這一大群人可以不管。消費能力強且消費頻率又高的顧客，才是核心顧客群，也是重要的人。專注在百分之二十的顧客身上，比照顧百分之百的顧客來得簡單。要以這百分之百的顧客為重是做不到的；珍惜這屬於核心的百分之二十顧客，比較輕鬆就能做到，而且這麼做極有用處。

鎖定顧客四步驟

你得先知道這些人是誰，才談得上以他們為目標。當一家公司的基本客群是可以知道數目的資料庫，便可以一個一個顧客處理。若你的公司擁有幾十萬、甚至幾百萬的顧客，你就必須知道主顧客是哪些人，以及經常購買且購買金額高的顧客是些怎樣的人。

其次，你要提供特別、甚至「很炫」的服務給這百分之二十的顧客。企業顧問丹‧蘇力文（Dan Sullivan）認為，若想創造一家超級的保險公司，「你要建立起二十段關係，用服務把他們維

持住──不是一般的服務，也不是好的服務，而是很炫的服務。你要盡可能預知他們的需求，而不是他們提出需求了，才像出緊急任務似地衝過去。」8 重點是，你要提供令人驚喜的服務，而且不是出於職責所做的服務，也不採用當前業界共通的作法。這麼做，也許會造成短期的支出，但長遠來看，絕對有價值。

第三，針對核心顧客發展新的服務或產品，特別為他們量身製作。為了增加市占率，務必想辦法多賣東西給現在這些核心顧客。一般來說，這不單是銷售技巧的問題，也不只是把現有產品多賣一些給他們，雖說針對常客舉辦的活動通常回店率很高，而且就短期和長期利潤來看，獲利都很好。更重要的是在現有產品上力求進步，或者開發顧客想要的全新產品。可能的話，就與你的核心顧客一同開發。

最後一點，你應當致力於永遠保住核心顧客。他們是你的金主，少一個，你就損失一些。因此，花許多力氣保住核心顧客，乍看他們似乎讓你的獲利受損，但過一段時間，一定會有實質的收穫。藉由鼓勵顧客多消費，可以增加短期獲利。

然而，利潤只是一張「記分卡」，在事後測量一家公司健全的程度。真正能測量一家公司健全的，是這家公司與核心顧客之間的關係有多深，能多長久。顧客對一家公司的忠誠度，在任何情況下都是刺激獲利的基本因素。一旦你失去顧客，你的業務就從底層開始破裂──不管你如何在表面做工夫試圖掩蓋。如果你的核心顧客群已經離你的公司而去，快把公司轉手賣掉，或是請

管理者走路；若你自己是老闆，就炒自己魷魚，然後想辦法把核心顧客贏回來，至少要做到顧客不再流失。反過來說，如果你的核心顧客很開心，你的業務自然能夠成長。

必須全公司上下一心，共同服務核心顧客

唯有把焦點放在占百分之二十的核心顧客身上，才能讓行銷成為公司的主要程序。我們在檢視了從生產導向到行銷導向的轉變後，觀察到今日之所以出現過度的行銷導向，是把全部的顧客都當作重點，而非只專注在其中百分之二十的人身上。對於這核心的百分之二十來說，絕無所謂的過度，你就算在這些人身上把預算花光，精力耗盡，到頭來你會發現，你將獲得絕佳的回報。

你的公司無法把注意力集中在所有的顧客身上，但可以做到專注於其中的百分之二十。而這份關注的工作，並非落在行銷人員肩上。但這一類的行銷工作，也是全公司每個人分內的工作。公司任何一個人——看得見和看不見的人，所付出的力氣，顧客都會感受到，並以此作為判斷的依據。就這一點而言，80／20法則可以為你開拓新境界，它是行銷過程的核心，能使行銷成為公司的中心，也讓行銷成為公司每一個人的事。對於全公司的員工來說，行銷指的是讓這百分之二十的顧客比過去更高興。

銷售

銷售是行銷的近親,因為銷售是與顧客溝通的第一線活動,也是傾聽顧客的最前線工作,而溝通和傾聽一樣重要。80/20的思考方式,對銷售的重要性一如行銷。

想要在銷售上表現優異,就不能再以平均數的方式思考,得改用80/20的思考。「平均銷售表現」非常容易產生誤導作用。有些銷售人員每年的業績可達十萬英鎊(約合五百萬台幣),但絕大部分的銷售人員勉強做到和自己薪水差不多的業績。所謂的「平均銷售表現」,對大部分的銷售人員及他們的老闆來說,等於無意義。

我們把銷售力與銷售表現拿來做一個80/20的分析。我賭你會發現,在銷售數字和銷售人員之間有個不平衡的關係。多數研究都發現,居前百分之二十的銷售員,總共獲得百分之七十至八十的利潤。[9] 對於不知道在生活中有這種80/20關係存在的人來說,這結果令人嚇一跳。對商界人士來說,這可是一項讓人快速賺錢的關鍵認知。短期而言,這一項認知比任何其他因素都更讓人獲利有關。為什麼銷售上也出現80/20法則?我們又能做些什麼?

銷售人員的表現

假設你分析的是你最近一次的業績,而你果然發現手下百分之二十的人員,總共產生百分之

七十三的利潤。接下來，你該怎麼做？

你應該緊緊守住這些表現良好的人員，這話聽來理所當然，卻常常不受重視。你不該想著老教訓，認為東西沒壞就不必修。它是還沒壞，但請務必確定它將來不會壞。前面說過，守住你的顧客是最重要的事，而第二樁重要的事，就是守住你的頂尖銷售人員，讓他們覺得開心，這不是為了賺錢而已。

接下來，多雇用一些這一類銷售人員。不見得是擁有同樣條件的人，個性與態度才是重點。仔細觀察他們有哪些共通處。或者，讓他們找到那些和他們相像的人才。

第三，試著找出這些頂尖銷售員在什麼情況下賣最多，那時候他們做了什麼特別的事。80/20法則既適用於時間，也可應用在人身上：每位銷售員百分之八十的業績，是在百分之二十的工作時間內締造的。試著辨認何時是這種好運連連的時刻，又為什麼會出現這種時刻。哈維‧麥凱（Harvey Mackay）把這一點描述得很貼切：

如果你處於銷售的行業，回想過去最好運的時刻，在那一星期你做了什麼不一樣的事？我不曉得棒球選手和銷售員比起來，誰比較迷信⋯⋯不過，成功的棒球選手和成功的銷售員都有一個傾向，他們在自己表現極佳的時候，都會注意自己所處的狀態，並且非常、非常、非常小心不去

改變眼前的狀況。然而，若你是銷售人員，可別跟棒球選手一樣，在好運當頭時都不換內褲。[10]

第四，**公司上下都要採行產值最高的方法**。有時候是做廣告，有時是登門推銷，有時是郵寄信函，有時是打電話。能把時間與金錢做最佳運用的方式，就多做，你當然可以做一些數字分析，確認哪些是最能發揮時間與金錢效益的方法，但不妨直接觀察頂尖銷售員的作法。

第五，**把一個在某一範圍做得不錯的小組，和在另一範圍做得不好的小組交換位置**。當作是做實驗，因為這麼做，你很快就會知道，原先表現好的小組，能不能克服結構上的困難，而原先表現較差的小組，在換了負責範圍後仍舊失敗。如果好的小組能克服原先困難範圍內的問題，該怎麼辦。答案很可能是把兩組人員打散，各分配幾個到另一組。

最近，我有一個客戶的國際工作小組成績非凡，但他負責國內工作的小組士氣渙散，市場表現節節下降。我建議他前述這種分組方式。客戶公司的總裁反對，他認為出口事務需要用到語言能力，若讓這些人處理國內事務，未免浪費他們的語言天分。後來他終於同意，叫原先負責國內事務的人走路，並重組國際事務這邊的人力，調這組的一個年輕人去主持國內事務。突然，本來兵敗如山倒的市場劣勢不再下滑。當然，這樣的安排不是次次都能奏效，但就銷售來說，失敗通常會造成更大的失敗。

最後一點，關於**銷售人力的訓練**。「花力氣去訓練表現差的那百分之八十人力，期望他們受訓

答案如下：

- 唯有那些你打算留在身邊幾年的人員，你才訓練。
- 找頂尖的銷售人員來訓練他們，並根據受訓人員的表現，來獎勵這些銷售明星
- 在第一階段的訓練結束後，取受訓人員中表現最好的百分之二十，把百分之八十的訓練計畫放在他們身上。表現居後的百分之五十，就不要再花力氣了，除非你認為繼續嘗試，日後能有回收。

許多銷售表現的確取決於銷售技巧，但許多時候不然。若是結構上的問題，可以用80／20法則來觀察。

不只是好的銷售技巧

80／20法則可以為你辨認出結構上的原因，這是一己之力無從做到的。提出結構上的原因，比提出個人因素容易面對，更好的是它也比較好處理。這有一大部分仰賴於所欲銷售的產品，以

後能提升表現，到底值不值得？會不會只是浪費時間，因為這群人不管再怎麼訓練，都註定要被淘汰？」[11]就跟任何一個問題一樣，問問你自己，在這個問題上是不是也能運用80／20法則。我的

及所欲提供給顧客的服務。羅伯特・山德思（Robert E. Sanders）說過：

看看銷售力。我們發現，我們百分之二十的銷售人力，帶來百分之七十三的利潤；百分之十六的產品占我們營利的百分之八十；同樣地，我們顧客中的百分之二十二，給了我們全部營利的百分之七十七……

再仔細看一次我們的銷售力，我們發現，某黑色項目全部業務的百分之八十。某綠色項目的業務範圍跨越一百個郡，而我們發現，這個項目裡百分之八十的顧客，集中在二十四個郡。某白色項目銷售三十種產品，其中六種產品占總業務的百分之八十一。[12]

主管銷售事務的人應該：

- 把每一位銷售員的精力，集中於銷售那些產生百分之八十利潤的百分之二十產品。確保最賺錢的產品獲利能力，是不能賺錢的產品的四倍。視銷售人員賣出最能賺錢產品的情況來獎勵他，而不是看他賣出不賺錢產品的情形。

- 要每一位銷售員專注在能帶來百分之八十利潤的百分之二十的顧客身上。教銷售員依顧客

的消費數目和帶來利潤的程度排出順序，要他們務必把百分之八十的時間，放在排名前百分之二十的顧客身上，就算這樣做表示他們得忽視其他不重要的顧客。

在這些占少數、但帶來多數利潤的顧客身上多花一些時間，會讓銷售員的業績增加。如果愈來愈沒辦法把現有產品多賣一些給顧客，那就該提供較好的服務，以維持現有業務，也可同時觀察核心顧客喜歡哪些新產品。

■ 把消費前幾名的顧客交給同一組銷售人力照顧，不必管區域的問題。最好多一些全國性顧客，不要只有地方性顧客。

過去，擁有全國性顧客的都是專門負責採購某項產品的公司，而這家公司只賣產品，不管該產品銷往何處。因此很合理地，這位買客就交給一位資深銷售人員來關注。但是情況逐漸改變，大型客戶應該視同全國性顧客，由專人或專門小組來負責，即使仍有許多地方性的銷售點。

在組合國際電腦公司（Computer Associates International），主持美國業務的資深副總裁瑞奇‧齊雅瑞洛（Rich Chiarello）認為：「我要從前百分之二十的組織中，獲得百分之八十的利潤。我會把這百分之二十的公司當作全國性的顧客。我不在乎一位業務代表有沒有在全美各地飛來飛去，只要他有顧客，而我們要認識這顧客公司裡的每一個人，然後擬好計畫，把我們的產品賣給他。」

- 把成本降低。面對次要的顧客，只需用電話溝通即可。關於銷售力，常常有人提出一項抱怨：縮小關注範圍，或是在大客戶身上多花時間，會使得若干業務範疇的顧客增為原來的兩倍，而這是無法照顧的。解決對策之一，是放棄一些交易，但這是最不得已的方式；比起較好的方法，多半是把這占了百分之八十的小顧客集中起來，以電話進行銷售和訂購；面對面的親身銷售，這是較有效率的方法，成本也較便宜。

- 最後一點，要銷售人員前去探視過去曾帶來好生意的老顧客。也許是登門造訪，也可以是電話問候。這方法的效果好得出奇，卻受到冷落。一位對你公司感到滿意的老顧客，非常可能再向你買東西。一家企業策略顧問公司的創立人比爾・貝恩（Bill Bain），過去曾在美國南方幾個州挨家挨戶推銷聖經，有一段時間銷售情況很糟，根本沒人買。後來他看見自己原本的盲點，回頭向已買過的一位婦女推銷，結果又賣出一本！另一個也採用這方法的人，是美國數一數二的房地產仲介——尼可拉斯・巴爾森（Nicholas Barsan）。巴爾森是羅馬尼亞裔移民，每年獲得的佣金達美金一百萬元，其中三分之一來自同一群客戶。巴爾森是真的一家一家上門拜訪，詢問這些擁有房子的人要不要賣房子。

運用80／20法則之後在結構上造成的影響，足以化腐朽為神奇，使原本表現平庸的銷售員搖身一變成為明星銷售員。經改善後已有進步的銷售力，可以立即帶給一家公司看得見的改變。更

關鍵少數

有些顧客屬於關鍵少數，大部分的顧客則不重要；有些銷售活動的生產力高得驚人，大部分則缺乏效率，有些只會讓你賠錢。

將行銷和銷售的重點，放在你能為關鍵少數提供獨特產品的地方，而且必須是別處找不到的好產品，你能藉此提高獲利。成功的企業，其成功都來自這麼一條化繁為簡的簡單原則。

重要的是，當你的銷售人力是精力充沛且自信滿滿的一群人，願意提供最佳產品給核心顧客，還願意傾聽顧客真正的需求，長期下來，對市場占有率和顧客滿意度將有長足的好處。

7 另外四大運用

決策・庫存・專案・談判

80／20法則精華

80／20法則在商業上的十大運用：

一、策略與獲利能力分析
二、品質
三、降低成本與改善服務
四、行銷
五、銷售
六、資訊科技
七、決策與分析
八、庫存管理

九、專案管理

十、談判

80／20法則的應用多到不可勝數，幾乎可用在任何領域，藉以導正策略，帶來財務榮景。所以，我列出的十大商業應用，只代表我個人的選擇。羅列這份順序時，我一方面考量了商業界從過去以來運用80／20法則的程度，二方面加入了我個人的意見，提出80／20法則的潛力可進一步發揮之處。

我們在前面幾章已經談到這名單裡的前六項：第四與第五章談策略，第三章談品質與資訊科技，第五章談降低成本與改善服務，第六章談行銷與銷售。在這一章，我們要談其餘四項。

決策與分析

做生意就是在做決定；時時在做，速度要快，而你做決定的當下，通常不完全確定自己的決定是對是錯。從一九五〇年迄今，管理學院、會計公司和顧問公司培育出來的專業管理者和經理人，對商業界（也許你認為是害慘了商業界）大有裨益。這些專業經理與管理者，可以就任何問題進行分析，這些分析通常輔以大規模的資料蒐集，且所費不貲。這一門叫分析的學問，可能是

英美大企業過度使用分析技術

過去五十年來在美國成長最快速的行業，而對於若干偉大的美國成就，如登陸月球和波斯灣戰爭中的炸彈投擲，分析確實貢獻良多。

然而，分析有其愚昧之處：企業內雇員增加，直到近年才裁撤冗員，而企業減肥才是正確作法；企業跟著以數字掛帥的顧問走，熱中於眼前潮流；又如在股市裡，大家迷上用日益精細的分析來計算短線獲利，然而這只抓到某公司真正價值的一小部分；再如，放棄了從最前線的直覺得來的自信──特別是這一點，不但導致公司在分析之後似乎一切癱瘓，也使得西方大企業往壞的方向改變。分析，趕走了企業遠景；分析師也將有遠景的總裁或最高執行長從位置上踢開。

簡而言之，好東西用太多也會出問題。英國和美國把分析應用在錯誤的地方⋯在私人領域用太多，在公共領域用太少。我們的大企業不需要那麼多的分析，只需要有效的分析。

80／20法則讓分析物盡其用

80／20法則是分析式的方法，但請記得它的宗旨：

- 關鍵的少數與無用的多數⋯只有很少的事物能真正產生有用的結果。

決策五規則

規則一：真正重要的決策並不多。 在做任何決定之前，先想像你眼前有兩個公文匣，一個標上「重要」，一個標上「不重要」。你在腦中分類，但要記著，五件當中只有一件會放進「重要」那一匣。分類之後，別再為不重要的決策傷腦筋，更千萬別花大錢費事去做分析。盡可能把這些不重要的事授權給部屬決定。如果無法授權，就想想哪個決定有百分之五十一的勝算。再不然就丟銅板吧。

- 所付出的努力中，大多數並不知目的為何。
- 你所見到的通常不是你能得到的；會有其他潛藏的力量暗中起作用。
- 若想弄清楚事情為什麼變成眼前的樣子，實在太過複雜，也不必要。你只要知道那些事物是否能派上用場，如果它沒有用處，就去改變它的成分組合，讓它有用。然後保持這些成分組合，直到它又使不上力時再改進。
- 大部分的好事得以發生，都是因為擁有一點點的高產能力量；大部分的壞事之所以出現，都是因為那只占一點點的高度破壞力所致。
- 大部分的活動，不管就整體而言或個別而論，都是浪費時間。對於所欲達到的目的而言，這些活動並無實質貢獻。

規則二：最重要的決定多半是由老天授意，因為轉捩點的來去是無從察覺的。比方說，你最主要的顧客認為你不夠細心，沒有發現他的不滿，所以離你而去。或是競爭對手開發出新產品，而你認為新產品的概念錯誤，毫無勝算。或是由於配銷的通路改變，使你不知不覺失掉了主導的市場地位。或是你發明了一項新產品，產品小有成功，但隨即有人用一個近似的產品大賺一筆。又或是你研發部門的阿宅忽然離開，開了一家叫亞馬遜的公司。

發生這一類的事，你就算蒐集再多的資料，做再多的分析，也無助於釐清問題或找出機會。這時候，你需要的是直覺和眼光，看到問題點，而不要在不是問題的地方瞎忙。唯一能讓你有機會辨識出關鍵性轉變的方法，就是在一個月裡的某一天，完全拋開資料數字和分析，然後問自己下列幾個問題：

- 哪些極有影響力、但未明就裡的問題或機會，是在我不注意的情況下冒出來的？
- 哪些事物本不預期有好的表現，卻意外有好的表現？哪些我們不經意提供給顧客的東西，讓他們覺得感激？
- 哪些事物發展得亂七八糟，我們自以為知道原因，其實大錯特錯？
- 重要的事物總是在沒人知道的表象之下發生，那麼這一次會是什麼？

規則三：在你能運用的百分之二十時間裡，蒐集百分之八十的資料，並進行百分之八十的相關分析，然後用百分之百的時間做決定，進而執行，彷彿你對這個決定有百分之百的信心。為了方便讓你想起來，姑且稱此為20／80／100／100決策法則。

規則四：如果你所做的決定看來無效，就趁早改變。何謂市場？最寬鬆的定義是：實務上有效的就叫市場。這解釋比什麼分析都管用。所以，不要怕做實驗，不要守著失敗的方案。別與市場對抗。

最後一條規則：當某事進行順利時，把賭注加倍。你也許不知道為什麼此事能如此順利，但趁著老天眷顧你的時候，盡量多加把勁。創業投資者深深明白這一點，在他們的投資組合中，大多數的公司表現不盡理想，但幾匹出乎意料的黑馬便足以彌補其他損失。當一家公司經常有出人意表的成績，十有八九，獲利可以達到數十倍，甚或百倍。在這種情況下，多數人都求中庸，小有成長即足矣。而能抓到機會的人，可就賺翻了。

庫存管理

在第五章我們看到，追求單純只需少少的產品。管理存貨是另一項80／20法則衍生的訓練。

依照80／20法則所進行的存貨管理，對現金流量和利潤來說至關緊要，也可用來檢視公司究竟是追求單純或複雜。

幾乎所有公司都有過多的存貨，一來是因為產品太多，二來是每項產品又各有許多變數。計算存貨的單位是ＳＫＵ（stock-keeping units），每一單位代表一個變數。

庫存無可避免都依循某種80／20式的分配：庫存裡的百分之八十，通常只占獲利的百分之二十。這意思是說，出貨速度慢的存貨，非常昂貴，而且吃現金吃得凶，同時可能本來就是很難賺錢的產品。

且舉兩個例子說明。一篇談量販店管理的文章提到：

分析資料後，可說是看見了帕列托的80／20法則：ＳＫＵ中的百分之二十，占一天貨量的百分之七十五；這百分之二十的ＳＫＵ，泰半是大批的訂量，通常每一個ＳＫＵ都有幾單位的訂貨。其他的百分之八十，只占一天貨量的百分之二十五，每一個ＳＫＵ每一天只有幾件。[1]

這百分之二十的獲利能力極高，其他百分之八十不賺錢。另一個例子出現在一家大型量販店引進電子系統時。這家店在引進之前，打算先觀察一下存貨是否正確：

做了一項簡單的研究後發現，80/20法則不適用。不是百分之二十的SKU占去百分之八十的進出貨，而是只有百分之〇‧五的SKU，占百分之七十的進出貨活動。²

我不知道這項產品是什麼，但我敢說，這百分之〇‧五的SKU，一定比其他百分之九十九‧五的獲利能力高。另外，有一個飛來發的例子對我來說非常重要，因為輔助這家販賣辦公室文具的公司，讓我賺了一筆錢。那時我有一個工作夥伴羅賓‧菲爾德（Robin Field），他這樣描述：

飛來發的設計和特色（在八〇年代晚期）無甚進展，產品線卻擴張得不像話。光是紙公文夾就有各種尺寸和各式奇特的外皮花紋。隨便你舉出一種動物，飛來發就有上千種以該動物外皮花色做變化的公文夾，一個一個神氣地展示在型錄裡，貯存在倉庫中。

此外，舉凡橋牌、西洋棋、攝影、賞鳥等各式活動，飛來發都印製成單張廣告傳單，幾萬張擺在倉庫裡。

你當然可以想到結果如何：堆著完全無用的貨物，不但形成行政事務的負擔，零售商也搞不清楚有哪些貨品。³

良好的庫存管理非常重要，然而真正說起來，做好庫存管理只要四個步驟（最具轉折意義的

決策，其實是大刀闊斧砍掉那些不賺錢的貨品，而方法已在第三章介紹了）。

不論產品數目有多少，你都應該從動得慢的產品開始處理——把它們從產品線上刪掉。你身邊也許會有人說，這些產品雖然動得慢卻是需要的——不必理會這些話，若真的需要，它們就該動得快些。

試著把庫存管理的問題和成本，轉到附加價值鏈的其他環節——也就是轉到供應商或顧客身上。若能讓庫存永遠不進入你公司所在的地方，當然是最理想的解決方式。有當代資訊技術之助，這愈來愈可能做到；在提升服務水準的同時，還能降低成本。

最後，如果你一定要有一些存貨，還是能用80／20法則來降低成本並加速進出貨。一篇談貨物上架管理的文章提出：

80／20法則在許多應用上都有效，百分之八十的庫存事務，只與百分之二十的庫存有關。原本以大小和重量來做區分……現在可以依照活動量的高低來區分。整體來說，快速移動的貨品應該盡量放置在方便進出的位置，以減少移動，人員也就不會那麼累。4

未來的庫存管理

長久以來，對於庫存管理的印象停留在工人穿深色外衣，倉庫空間滿是塵埃。其實庫存管理是個蓬勃且行動迅速的領域。現在盛行用網路線上訂貨，所以「虛擬庫存」（virtual inventory）日漸流行，既降低了成本，又能提升對配銷商和顧客的服務。有一家銷售醫療用品的百特國際公司（Baxter International），以一套「貼近顧客」的庫存系統獲得成功。他們在任何情況下都以「重心」為行動準則：把重心放在最重要的顧客身上，把重心放在單純的產品線上，以單純的方式追蹤貨物、運送貨物。

專案管理

我們所認識到的管理結構，多半表現不佳且每下愈況，毀掉的價值比加進去的多。欲粉碎或避開結構問題，有一個方法：以專案方式執行，這可以為重要顧客增加價值感。商業界許多活躍人士不只有一份工作，而是要執行許多專案。這樣的人士，從高階主管到部屬都有。

專案管理是一樁奇怪的任務。就一方面而言，一項專案要動用一組工作人員，屬於合作性質，而非層級式的安排。但就另一方面而言，工作小組的成員通常不完全知道該怎麼進行，因為專案需要創新和臨機應變。專案經理的訣竅，在於帶領全體組員專注在少數真正重要的事情上。

目標單純

首先,把任務單純化。一項專案不只是一項專案而已,一項專案一定同時牽涉幾項專案。也許專案會有個主題,然後附帶幾個也需要關心的問題。一項專案也可能有三、四個主題。想想看,有沒有哪項專案是你一開始就熟悉,並且知道如何著手進行。

專案會依循組織的複雜原理而發展。一項專案的目的愈多,則要付出愈多的努力才能達成任務。這付出不是成正比增加,而是以幾何級數的倍數增加。

一項專案百分之八十的價值,來自於百分之二十的行動。其他百分之八十的力氣,是花在解決因複雜而來的問題上,而這些複雜是多出來的。所以,在尚未理出一個單純的目標之前,千萬不要開始進行專案。先把包袱拋開。

設定一份不可能達到的時間表

這可以保證,專案小組會集中精神於高產值的事上:《史隆管理評論》(Sloan Management Review)有一篇文章提到:

一旦面對一份看起來不可能達成的時間表,(專案成員)將會分辨,是哪百分之二十的條件能產生百分之八十的好處。而又一次,出於一種「有了也不錯」的想法,把一大堆東西加進一項本

另外迪恩（Derek L. Dean）等人也建議：

定出有彈性的目標。身處緊急狀況時，往往能激發有創意的解決方案。要求在四個星期內提出樣本，或是在三個月內做出試行方案，這會逼專案小組運用80／20法則，並確實執行之。經過計算再冒險。6

行動前先計畫

進行一項專案的時間愈短，就愈該把有限時間的大部分花在制定計畫和思考上。當初我還擁有貝恩策略顧問公司（Bain & Company）的股份時，在我們完成的專案中做得最棒的案子（最棒，指的是客戶和顧問的滿意度最高，時間浪費得最少，錢賺得最多），花在計畫的時間比執行時間多很多。

在計畫階段，把你打算解決的所有重要問題全部寫下來。如果超過七個，就剔除最不重要的那一個或那些問題。試著假設答案，就算完全用猜的也無妨（但要好好地猜）。接下來要弄清楚，若要判斷你所做的假設是對是錯，你得蒐集哪些資訊，得完成哪些過程。還要分配誰做什麼事，

執行前先設計

當此專案涉及新產品或新服務的設計時，尤其應該在執行前先設計，才能開始執行。80／20法則說，在設計專案過程遇到的問題中，其中百分之二十共花去所有成本與開支的百分之八十；其中百分之八十的問題產生於設計階段，而為了修整這些問題，不但花費其高無比，而且曠日持久，有時甚至得重新製作。

談判

談判是我「80／20法則十大運用」的最後一項。關於談判，世人做過太多研究，80／20法則只提出兩點說明——但可能是關鍵性的兩點。

談判中的觀點大都不重要

在一場談判裡，關於論題百分之二十的觀點，占全部爭議範圍的百分之八十，你也許以為，談判雙方都明白此一事實。然而，凡人總喜歡在爭論中獲勝，希望自己的論點贏過對方，就算那

是不重要的爭論。同樣地，人們對於別人的讓步總是有好的回應，即使是非常微不足道的讓步。

因此，在正式談判之前，先條列出一長串似乎值得關心的重點與要求，常在意這些問題與要求。只是，這些論點在本質上本來就不合理，或者至少是對方願意讓步也必會受到傷害（若不如此，不就留給對方一個自誇「很有彈性」、「退讓三分」的餘地）。然後，在談判即將結束時，你表示將在對你無關緊要的幾個點退讓，以換取你真正想得到、但其實對對方未盡公平的要求。

舉例來說，想像你和一家供應你某個主力產品一百項零件的廠商談判零件價格。任何一項產品百分之八十的成本，都花在百分之二十的零件上面。你應該只管這百分之二十的價格。但如果在談判一開始，就放棄討論其餘百分之八十零件的價格，你就失掉了談判的籌碼。因此，你應該在這較不重要的百分之八十當中找出幾樣，編個理由來談價錢（比如你其實不必買那麼多，但你把量說得多一些），彷彿它對你很重要。

別太早攤牌

第二點，根據一般的觀察，談判多半會出現一個「假戰爭」的過程，直到快要結束時，才冒出火藥味。道森（Roger Dawson）在一篇題為〈強效談判之鑰〉（Secrets of Power Negotiating）的文章中說：

時間可以對談判造成莫大的壓力。在讓步的過程中，有百分之八十……發生在最後百分之二十的時限內。如果一開始就攤牌，雙方都不會願意退讓，使得交易談不攏。但若是在談判最後那百分之二十的時間，提出額外的要求或問題，兩方都比較有空間。7

沒有耐性的人，不會是優秀的談判者。

8 善用槓桿原理
關鍵少數給你好處

80／20法則精華

- 少數幾個人，增加了大多數的價值；他們創造的價值，遠遠高於他們消耗的成本。你要找出表現最好的前三名雇員，將時間、注意力和大量的金錢，投注在他們身上。
- 人們總是忽略成功的價值，或對其認識不清。要及早辨識成功之道，並快速將其成效做數倍的發揮。別將成功斥為運氣好。我們不能仰賴好運，這樣就無法數倍複製並從產生價值的良性循環中獲益。
- 少數人在成長還是小幅度且快速發展時，就能看見苗頭，因此賺進金錢。
- 要以80／20法則思考，採用歪斜的思考，預期百分之二十等於百分之八十，而且意料之外和反直覺的事物會出現。
- 不論是你的時間、公司、市場、產品，或是你所遇到的每一個人和每一家公司，任何事物

80／20法則包含了雷達和自動駕駛兩種成分。雷達給予我們見解，幫助我們看見機會和危險；有了自動駕駛，我們可以在身處的商業環境自由翱翔，與我們的顧客和相關的重要人員溝通，而仍曉得自己掌握著自己的命運。80／20法則要你掌握幾個重點觀念，並將之轉化成習慣，使你輕鬆採用80／20法則的方式思考，以80／20法則的方式行動。

某些東西就是比較重要

這句話在所有情況都能成立，雖然乍聽很難馬上相信。如果沒有數字擺在眼前，沒有80／20法則的分析，我們總覺得，多數東西看起來比較重要，而那些真正重要的東西似乎可有可無。就算我們心裡接受這一點，卻是知易行難，無法立刻轉向，專注在真正應採取的行動上。但務必把「關鍵少數」擺在你大腦的正前方，務必時時檢討自己，是否把較多的時間和努力放在關鍵少數上面，而不是浪擲在無用的多數上。

把低價值物變成高價值運用，這才叫進步

自由市場和創業家一樣，都有本事把原本較低產值的資源，轉變成高產值的資源，並使之有所產出。然而，不管是創業家或市場，這一點做得都還不夠好——遑論要今日過度膨脹的企業或政府科層系統做到。許多事情總是拖著一條叫作浪費的尾巴。這是一條長長的尾巴，花掉百分之八十的資源，卻只產生百分之二十的價值——這是真正創業家介入的機會。創業家能介入的範疇可大了，只是大家都低估罷了。

少數幾個人，增加了大多數的價值

最適才適所且所做的事能賺最多錢的人，叫作最棒的人才；最棒的人才能夠賺進的金錢，遠多於花在他們身上的錢。一般來說，這種人才極少見。多數的人所增加的價值，只比他們拿走的多一些些。不少人（甚至一大群人）則是拿出去的多，添進來的少。像這樣的錯誤配置，在分工複雜的大型公司最常見到。

任何一個有管理的大型企業，都是一個有組織的共謀團體，一同胡亂分配酬勞。公司愈大愈複雜，這種共謀的範圍愈大，共謀就愈成功。凡是在大企業工作或是與大企業打交道的人都知道，有些員工是無價之寶，他們為公司賺進來的太多太多，而在他們身上的開支非常非常少。而許多雇員只是過客，請他們進來工作的成本還高過他們為公司賺的錢。另外，約有百分之十到二

十的人，會減損公司的價值，甚至不覺得領公司薪水就該為公司出力。事情會演變成這樣，原因很多，比如：無從分辨何者是真正的表現；政治手腕高明或是主管的因素；我們總是對我們喜歡的人特別好；出於一種很可笑、但處處可見的想法，認為一個人的職務應相當於或高於他的工作表現；人類就是會想辦法追求表面的平等，而這樣的傾向，因為希望團隊合作而更加鞏固。複雜與民主交會之處，正是浪費與閒置聚集之地。

最近，我擔任一家投資銀行老闆的顧問，針對他金額超級龐大的年度紅利如何分配一事，向他提出建議。這位老闆白手起家，現在已是一位非常富有的商人，他非常喜歡觀察市場裡何處不完美，並加以利用，這也造就了他的成功。他熱情擁抱市場。他知道，在分配總紅利的幾百人裡面，去年有兩個人一共為他賺進其中的百分之五十一——在他這一行生意裡，這很容易得知。可是，當我建議他，給這兩個人的紅利應是全部紅利的一半以上，他聽到後簡直嚇壞了。然後，我們討論到某一位我跟他都認識的高階主管，對公司來說，這位主管減損的價值多於他增加的價值（但他挺討人喜歡，在銀行裡是一位政治手腕高明的人物）。我提議，乾脆一毛錢都不給他。這位老闆又說了：「不好吧，我已經把他這一份刪為去年的四分之一了，不好意思再刪。」可是，這位主管其實應該付錢給公司，謝謝公司讓他有一份工作。還好，最後抓到痛處，給他的分紅是零。這位主管現在調到另一個職位，在那位置上總算對公司稍稍有些貢獻。

獲利有天壤之別

所謂獲利（margins），指的是在價值與開支之間，在付出與報酬之間的東西；獲利的程度有很大的差別。在一家公司裡，高獲利的活動總是只占全部活動的一小部分，但它的獲利占總獲利的一大部分。如果我們任憑資源自然分配，不加以干預，這種不平衡的程度會更嚴重。然而，我們總像鴕鳥一樣，把頭埋進沙裡（會計系統恰恰是一大片無邊的沙灘），不肯相信，在公司的作為中，有一大部分比另一小部分不具價值。

資源恆配置錯誤

我們把太多資源分配在低獲利的活動上，而分給高獲利活動的資源又太少了。加上不管我們如何努力，低獲利、但得到高補助的活動，就是不能自行產生利潤，而高獲利的活動逕自蓬勃發展。如果因為高獲利活動始終能帶來進帳，讓公司財務維持鬆緩的狀態，資源不虞匱乏，那麼低獲利的活動便會一直吃掉資源，同時對公司只有微薄的貢獻，甚或造成負數收入。

我們不斷看見產能最高的活動表現優異，也看見有問題的部分要花多久時間才能扭轉乾坤──通常是永遠做不到。我們總要花很長的時間才能明白這一點，往往要等到新老闆接手，或危機出現，或管理顧問提出看法，才會進行早就該採取的行動。

要多欣賞成功的價值

對於成功，我們賦予它的價值不夠高，給予它的讚揚不夠多，對它的運用也不夠深。一般人總是將成功歸因於運氣好，然而所謂的運氣就跟車禍一樣，不如我們想像中那麼經常發生。成功無從測量，於是我們稱它為好運。在好運的背後，不管我們是否看見，總有一個高效率的機制在運作，進而產生利潤。我們不能仰賴好運，這樣會無法從產生價值的良性循環中得益。

平衡只是錯覺

沒有什麼事情能夠永遠不變；沒有什麼事情能恆久保持平衡。只有創新是唯一不變的道理。雖說創新經常受到抗拒與阻擋，卻鮮少被消滅。成功的創新，比一般的創新具有更高的生產力；也必須如此，因為超過某一點之後，就會出現一股擋不住的力量，鼓勵你進行創新。不過，無論是個人、企業或國家的成功，都不是以創新為基礎，也不是根植於可行銷的創新，而在於看出什麼地方將出現勢不可擋的創新，然後讓創新大大發揮自己的用處。建設性的變革，需要深入洞察什麼最有效，並專注於這種獲勝方式。改變是生存所必需。

大贏總從小處開始

最後一點：大的事物一開始總是小的。小小的原因，小小的產品，小小的市場，小小的系

別再想著五十五十

- 歪斜著思考。百分之二十等於百分之八十，百分之八十等於百分之二十。
- 預期意料之外的事物會出現。百分之二十帶來百分之八十；百分之八十導致百分之二十。
- 不論是你的時間、組織、市場，或是你遇到的每一個人和每一家公司，任何事物都有百分之二十可以創造價值：它的精髓、它的力量、它的價值，有一小部分好東西隱藏在一大片平庸無奇的東西底下。找出那具有威力的百分之二十。
- 找出那看不見、在表象底下的百分之二十。它就在那裡，去尋找。意料外的成功是一項贈品，如果一家公司有某個活動意外獲得成功，它就屬於這百分之二十。那麼，為明日的百分之二十播下種子的事物在哪裡？有哪個百分之一能長成為百分之二十，並帶來百分之八十？去
- 心裡要有準備：明日的百分之二十，不會是今天的百分之二十。

統，這些都有可能造就大事物。但大家一般不太具備這樣的認知。我們的注意力總是放在已經存在的東西上面，看不見那些在小規模現象當中已經很明顯的趨勢。我們只看見規模已經變大的事物，而這時，該事物已經加速成長了。少數人在這種成長仍是小幅度時就看見苗頭，後來因此賺錢。很多人則是即使身處這樣的成長變化之中，也察覺不出有什麼賺錢的機會。

年是百分之一，今天成為百分之三的是什麼？

- 在心中培養一些想法，把百分之八十排除在外。諸如簡單的答案、明顯的事實、顯而易見的多數、位居現職的人、沿襲已久的傳統智慧，以及約定俗成的觀念等等，看似有意義，其實沒有一絲一毫的重要性。像這些就是百分之八十，是美景上的汙漬，遮住了你的視線，使你看不見更遠處的風光。所以你要看清楚這些討厭的髒點，看透它們，看穿它們，總之，不要理會它們。假裝它們不存在，只看真正重要的百分之二十。

心理學者告訴我們，正確的行動可以改變想法與態度，反之亦然，想法與態度也會改變行動。因此，想要做到以80／20法則的方式思考，最好的方法便是開始把80／20法則運用在行動中。反過來說，想要做到以80／20法則的方式行動，便應該開始以80／20法則來思考。你必須雙管齊下。以下列出80／20法則的行動方向：

- 只要見到屬於百分之二十這類的活動，就撲上去，讓你四周圍都是它，全神貫注在它上面，取得它的專利，讓你自己變成這類活動的專家、崇拜者、宣道者、夥伴、創造者、盟友。充分運用它——如果這「充分」二字牽涉到的投入似乎超過你的想像，那麼請增加你的想像力。

- 善用你手邊現有的資源：才華、金錢、朋友、業界盟友、説服力、個人信譽、組織名號，任何一種都行，抓住後就徹底利用它的百分之二十。

- 多多運用關係，但只和其中百分之二十關係結盟，的盟友和其他有力的百分之二十結盟。

- 開發80／20式套利法。把資源從百分之八十這一邊，挪到百分之二十那一邊。這樣做的利潤極高，因為這是高度運用槓桿操作原理的獲利方式。你用一個沒有多大價值的東西，去做出一個有高價值的東西，讓兩方都得利。

- 80／20套利法有兩大媒介物：人與錢，或是相當於金錢的資產。把百分之二十的人（包括你自己），從百分之八十這一邊的活動，移到百分之二十的活動那一邊。百分之二十的錢，從百分之八十這一邊的活動，移到百分之二十的活動那一邊。如果你真的移動到百分之二十那邊去了，那麼加速不致造成危險。資金槓桿有兩種形式：一種是借，另一種是不以借的方式來運用別人的錢（把這種錢用在百分之八十那一方很不保險，常常會以悲劇收場。用在百分之二十的活動上，則可以造就贏家）。

- 創造出全新的百分之二十。從別處偷百分之二十的點子過來：別人、別的產品、別的產

- 業、別的知識領域、別的國家。將它們應用在你自己百分之二十的地盤。砍掉那無用的百分之八十，不要手下留情。切記：劣幣驅逐良幣，百分之八十的時間，會把百分之二十的時間趕跑。百分之八十的資產，占據本應留給百分之二十盟友的空間。百分之八十的商業關係，會取代另百分之二十的關係。處於百分之八十的組織或位置，使你沒有時間照顧另外那百分之二十。住在百分之八十的地方，讓你無法搬到另外百分之二十的地方。為百分之八十活動所花的心力，讓你少了力氣放在其他百分之二十上。

就是這樣，以80／20的方式來思考與行動。凡是不在乎80／20法則的人，註定只有平凡的收穫；而那些善用它的人，必能獲致優異的成就。

邁向第三部

80／20法則是屬於生活的法則，不是做生意的法則。它從經濟學理發展出來。它之所以適用於商業界，原因在於它能反映世界運作的方式，不是因為商業活動特別符合80／20法則。

是讓80／20法則的力量釋放出來的時候了，在商業以外的領域加以運用。商業和賺錢是令人

興奮、重要的人生環節,但它們基本上是一種過程——是生命的外殼,而非內涵。人生最寶貴的部分在於個人的內在及外在生活,在於私人關係,在於社交互動和群體價值。

第三部 個人的80／20幸福法則

9 少做多賺多享受
以享樂為生活企圖

80／20法則精華

- 真理讓人自由；80／20法則也能讓人自由。你可以少做一點，同時多賺一點，多享受一點——只有一個要求：你自己必須思考。
- 80／20思考法深富反省、不循傳統、出於策略、非線性的性質；它以一種輕鬆又有自信的態度懷抱企圖心（希望世界更好的企圖心）。
- 我們的生活深受若干事物與決定的影響，這些影響有好有壞——甚至包括我們沒有辦法做出的決定。
- 80／20賦予我們自由；它帶領我們走一般人較少選擇卻更快樂的道路，將事情轉變成對我們有利的一面，促使我們將時間花在足以改變生活的少數際遇上。
- 我們的失敗，大多數發生在參加別人要我們參加的競賽。我們的重大成功，大都出現在我

從生活開始

我的企圖不只是將從80／20思考所得的見解，一條一條像是上菜似的端到你面前，邀你根據自己的生活運用這些法則——我要你掌握80／20思考法的本質而後自由發揮，形成你自己的見解，一條條都威力強大。也許不是每一條都適用於每一位讀者，所以，若遇到不符合你的狀況的段落，大可略過不讀，逕自選擇適合你的原則。

只有一個要求：**你自己必須思考**，把接下來我要告訴你的東西完整消化，然後依自己的情況與目標訂出自己的方式。應該不難做到吧？

真理讓人自由；80／20法則也能讓人自由。你可以少做一點，同時多賺一些，多享受一些——只要你認真學會80／20思考法。它能給你若干重大的見解，而只要你依這些見解行事，生活將為之改變，而且不會伴隨宗教、意識形態或其他觀念的負擔。80／20思考法很美，美在它是實用、自發的，並且以個體為中心。

們自己想參與的競賽。我們不能贏得大多數的競賽，是因為我們進入錯誤的競爭：那是別人要我們參與，而非我們自己想要參與。

反省的思考法

80／20思考法的目的，在於激發出足以大幅改變生活的行動。想要產生這樣的行動，需要有非比尋常的見解，而見解就來自反省和回顧，有時也需要蒐集資訊。通常，只要有反省就能產生見解，不是非要外在的資料不可。大腦擁有的資訊已經比我們想像的更多。

今日流行的許多思考方式倉卒即做結論，是投機、遞增、線性的思考（比如說，以二分法判斷Ａ是好或不好，然後追究造成Ａ的是什麼原因）。現今當紅的思考方式，總是強調立即採取行動，因此想當然耳，也就缺乏思考品質，因為行動把思考擠掉了。但80／20思考法不同。我們的80／20思考法會把行動擱在一旁，先靜靜思考，在心中醞釀幾個小小的想法，然後再行動：這行

80／20思考法有幾項特質：它深富反省、不循傳統、享樂主義、出於策略、非線性的性質；它以一種輕鬆又有自信的態度懷抱企圖心（希望把事情變好的企圖心）。它當然始終在尋找80／20的假設和看法。接下來將針對這幾項特質稍作解釋，順便作為執行80／20思考法的指標，讓你檢查自己的方向對不對。

解，抽象通則也好，施行細則也好，可能是我壓根也沒想到的見解。我要你成為80／20思考大軍的一員，將80／20思考傳播到世上各個角落。

不因循守舊

80／20思考法笑指傳統智慧的錯誤——傳統智慧多半也真是錯的。一旦辨認出生活中的浪費與未臻理想，便從日常生活出發，採取行動，如此才能進步。傳統智慧恰似反面教材，並無助益，徒然造成浪費和停滯。80／20法則的力量，在於根據非傳統智慧採取不一樣的行動。欲達此，你需要先弄清楚，為什麼別人用錯誤的方法做事。如果你的見解沒有超越傳統，就不是運用80／20思考法。

讓你享受

80／20思考法追求快樂。它相信人生在世即為享受，多數的成就就是隨著興趣、快樂與需要而來的副產品。這信念聽起來無可爭論，但大多數人就算知道某些小事能帶來快樂，也不會去做。多數人會掉入下列幾種圈套：花太多時間與不喜歡的人相處；從事自己並不熱愛的工作；把

進步有其價值

三千年來，人類思考著是不是有所謂進步這回事，宇宙與人類的歷史究竟是走出一條崎嶇、但保持前進的路，或者沒有這麼光明。認為沒有所謂進步論的人，包括兩千年前的古希臘羅馬時代的哲學家，如海希歐德（Hesiod）、柏拉圖、亞里斯多德、塞尼加（Seneca）、賀瑞斯（Horace）

空閒時間花在自己不全心享受的活動上。反過來說，就是不多花時間和真正喜歡的人相處；不全心追求自己真正想經營的事業；不把空閒時間花在自己真正享受的活動上。他們不是樂觀的人，就算其中有些人是樂觀主義者，也沒有詳盡規畫，讓未來的生活更美好。

這些情形真是奇怪。有人會說，這是因為經驗使人放棄希望──可是奇怪，這些「經驗」是他們自己建構起來的，來自個人對外界事物的認知，而非客觀的觀察。也許這樣說吧，這些都是負感壓過了喜樂，先天遺傳勝過後天智力，宿命論贏了自主選擇，實際上也選擇了死亡而非生活。

「享樂主義」這個字眼，通常比喻一個人很自我中心、自私且對生活不抱企圖心。當你完成一件事，很難不去享面、損人的說法。其實，享樂主義是助人和帶來成功的必要條件。當你完成一件事，很難不去享受它，而若你不享受，可就浪費了。如果有更多的人以享樂為生活宗旨，這個世界會變得更美好、更豐富。

和聖奧古斯丁，還有當代大部分的哲學家與科學家。

支持進步論的人，幾乎都是十七世紀末和十八世紀啟蒙時期的人物，例如方泰尼爾（Bernard Le Bovier de Fontenelle）和康多塞特（Marquis de Condorcet），以及十九世紀大多數的思想家和科學家，包括達爾文和馬克思。而進步論的領導者當屬十八世紀的吉朋，他是一位古怪的歷史學家，著有《羅馬帝國衰亡史》（The Decline and Fall of the Roman Empire）一書。吉朋曾在書中說：

我們不能確定，在朝向完美的路上，人類究竟能進步到何種程度。因此我們大可以做一個不致錯誤的結論：這世上的每個時代都曾增進，至今財富、幸福、知識，乃至人類的美德，都持續比前一時代增進。

當然，現在反對進步論的人，比吉朋時代的人更能提出證據——但這也是進步的證據。關於進步的論辯，無法以實證的方式獲致結論。對於進步的信念，必須是一種出於信心的行動。當代作家亞歷山大（Ivan Alexander）說，進步是一種責任。[1] 如果我們不相信有進步的可能性，就永遠無法改善世界——企業界瞭解這個道理。

整體而言，企業與科學一同提供了進步論的證據。我們明白了天然資源並非用之不竭，這時，企業與科學便提供非天然而取之不盡的資源：經濟空間、微晶片、新的強力科技。[2] 但若欲成

個人要在自己的生活中追求,也需要大家共同努力。

說來矛盾,80／20思考法本質上是樂觀的,然而它揭示了未達水準的情形:只有百分之二十的資源與成功有關,其餘的百分之八十只是浪費時間與精力。因此,你應該多花力氣在這百分之二十上面,並讓另外的百分之八十躍升到某個水準,那麼就可以增加產出。進步論帶領你來到更高層次的領域。但是,即使在高層次,還是會出現80／20式的分配。所以,你必須再進步到更新、更高的層次。

企業與科學的進步,印證了80／20法則。造一部大電腦,讓它比過去的計算機器快好幾倍。然後,把這部電腦造得小一些、快一些、便宜一些。重複這個過程;再重複。這是一個永不結束的進步過程。現在,把這個原則應用到生活中。如果我們相信進步論,80／20法則就能幫助我們瞭解它。最後,也許我們能證明吉朋是對的:真正的財富、快樂、知識與價值,可以持續增加。

出於策略

出於策略,是指專注於重要的事物上,專注於少數能帶給你競爭優勢的事物,專注於計畫,並以決心和毅力執行它。

非線性的思考

傳統思考的模式，是一種有效、但有時不正確，甚至要命的思考模式。它的邏輯是線性的：它相信X導致Y，Y引起Z，而A必然造成B。你遲到了，所以我不高興。我在學校的成績不好，所以找不到工作。因為我非常聰明，所以我成功了。希特勒引起第二次世界大戰。因為整個產業衰退，我的公司不再成長。失業是我們為低通貨膨脹付出的代價。如果我們想要照顧窮人、病人與老人，就必須課徵高額的稅。

以上都是線性思考的例子。線性式思考很吸引人，因為它簡單明白，套用公式。問題是它對世界的描述太粗糙，想要改變它極難。科學家與歷史學家早就不採線性的思考方式——為什麼你還緊抓不放？

80／20思考法是一艘救生艇，幫助你逃離線性思考造成的災難。沒有事情是光由一個簡單原因造成的。沒有事情不可避免。沒有事情是永遠平靜或不變的。不想要的事物就別忍受。令人喜愛的事物，別讓它難以取得。很少人瞭解，到底是什麼造成了某件好事或壞事。真正的原因，可能並不特別顯眼。一些小動作可以改變狀態的平衡。只有一小部分的決策真正重要，而這一小部分的影響深遠。做了抉擇，就一定能夠實行。

以輕鬆又自信的態度，懷抱企圖心

我們習慣性以為，企圖心強的人一定四處衝鋒陷陣，工作超時，冷酷無情，為達目的不惜犧牲自己或別人，而且忙得不可開交。簡而言之，他們是拚了命在做。若抱持這種聯想，可要付出重大代價。沒有人想過這種生活，也沒有人需要過這種生活。

有另一種企圖心。它結合了自信、輕鬆與文明態度，這是比較吸引人的方式，也比較可能做到。這正是80／20的理想，但它以實證為基礎。偉大的成就，大部分是經由長久的勤勉與靈光一現而來。想一想，如果澡缸裡的阿基米德沒有想到排水的問題，或只是一直埋首書桌前，那麼就不會有阿基米德原理；如果坐在蘋果樹下的牛頓沒有想著引力問題，或是忙著領導一群科學家，他就不會提出萬有引力理論。

我們在生活中得到的成就，以及真正對我們自己和別人有意義的價值感，大都發生在工作中的極小一部分。這一點，在80／20思考法與觀察裡說得很明白。我們時間多得很；我們貶低自己，認為自己缺乏企圖心，以為懷有企圖心就一定會奔波忙碌。然而，成就來自於見解與選擇性的行動。在生活中，平靜仍占極大的地位。當我們輕鬆自在，喜歡自己的時候，才會產生見解。產生見解需要時間，而時間，我們多得是。

給你個人的80／20觀念

接下來幾章，將要探討生活中的80／20道理，這裡先行提示重點。只要依照其中見解採取一些行動，就能大幅改善生活品質。

- 百分之八十的成就和快樂，只占我們百分之二十的時間，而這些可以再大幅擴展。

- 我們的生活深受若干事情與決定的影響。這少數的決定通常是被預設的，而非出於我們有意識的選擇；我們任憑生活「發生」，而不是自己計畫自己的生活。只要我們知道轉捩點何在，做出能讓自己更快樂、更有活力的決定，就能改善生活。

- 事情的發生總有關鍵因素，而通常並不明顯。如果可以認出這關鍵原因，並獨立出來，通常就能對它發揮更多的影響力。

- 人人可以完成重要的事務。重點不在於努力與否，而是找出應該在什麼事務上努力。一個人較有能力做某件事，卻常常因為在別的事情上也花了力氣，使得原本能做好的事效果大打折扣。

- 有人贏就有人輸，但輸家占多數。若你參加的是適合自己的競賽，擁有恰當的小組，使用正確的方法，你也可以是贏家。若你把握對自己有利的機會（以正當且公平的方式），這會

- 比光是努力來得更有勝算。贏過一次，就更有可能再贏一次。當你能選擇要參加什麼競賽，勝算就大。
- 我們的失敗，大都發生在參加別人要我們參與的競賽。我們不能贏得大多數的競爭，是因為我們進入錯誤的競爭：那是別人要我們參與的，而非自己想要參與。
- 很少有人真正嚴肅看待自己的目標。大家都把精力平均分配在太多事情上，沒有把最棒的見解與努力放在少數重要的事物上。有所成就的人，懂得挑選，也有決心。
- 大多數人把大部分時間花在低價值的活動上。以80／20思考法行事的人，不會落入這個陷阱，所以不必花太多力氣，就能在少數重要的目標上展現成績。
- 一個人在生命中最重要的決定，是選擇盟友。沒有盟友，幾乎無法成就任何事。大部分的人在選擇盟友時並不謹慎，甚至根本不在意，以為盟友反正會出現。這又是一個任憑生活自行發生的例子。大部分的人選了錯誤的盟友，也選了太多盟友，而沒有善加運用。採行80／20思考法的人，會謹慎選擇少數盟友，以達到目標。
- 這種選擇錯誤的最極端例子，是選錯了重要的朋友和人生另一半。大多數人交了太多朋友，不懂得挑選恰當的交際圈，不懂得加強這個朋友圈的關係。有些人挑錯了另一半，而更多的人不懂得善待另一半。

- 如果金錢使用得當，會是改善生活方式的機會來源。太少人知道如何增加金錢的價值，但是以80／20方式思考的人應該知道怎麼做。金錢若是用來改善生活方式與增加快樂，它沒有什麼不好。

- 鮮少有人花足夠的時間尋找屬於自己的快樂，對此的思考也不夠。人們找的是間接的目標，如金錢與升職，這不容易得到，就算得到了，人們終究會發現這並非快樂的泉源。金錢買不到快樂，快樂也不是金錢——沒有花掉的錢可以存起來，加以投資或孳生利息。但今天沒用完的快樂，無法留待明天再享用。快樂一如心靈，若不練習就會萎縮。採行80／20思考法的人知道，什麼能使自己快樂，而且有意識地追求快樂，懂得用今天的快樂來增加明天的快樂。

10 存在以快樂為目的
兩種方法，七大習慣

80／20法則精華

- 找出你最快樂的時間，然後盡量增加快樂的時間。
- 找出你最不快樂的時間，然後盡量減少不快樂的時間。讓自己快樂一些，最好的辦法就是別再不快樂。
- 改變你對自己的看法。善待自己，對自己寬容一些；放棄罪惡感，拋開自己的弱點；認識自己的優點並加強之。想著自己正面的故事，並相信它們！
- 以下是七個快樂的生活祕訣：
  一、挑選適合的感情對象。
  二、用心經營感情。
  三、熱愛工作。

四、善用財富以換取自由。

五、結交難能可貴的三五好友。

六、忠於自我與良心。

七、散播快樂。

性格不等於命運。

——丹尼爾・高曼（Daniel Goleman）1

亞里斯多德說，人類所有活動的目標應該是快樂。這麼多年下來，我們沒有怎麼聽進亞里斯多德的話。也許，他應該先分析快樂與不快樂的原因，告訴我們如何才能快樂一些。80／20法則真的能應用於快樂上嗎？我相信它能。對大多數人來說，大部分的快樂時光，的確發生在極少數的時間裡。如果真的有80／20快樂法則，那麼會有一項假設：百分之八十的快樂，發生在百分之二十的時間。我把這項假設拿來測試朋友，要他們把每一星期細細分成一天一天，以及一天的各個時段，再把每個月分成一個個星期，把每一年分成一個月一個月，或者把一生分成一年一年，細細分析。結果，我實驗的對象當中，有三分之二的人表示有明顯的不平衡現象，而且接近80／20的模式。

這項假設並非在所有人身上都成立。有三分之一的朋友並未出現80／20的模式，他們快樂的時間分布得較平均。有意思的是，整體而言，這三分之一的朋友似乎比另外三分之二的朋友快樂。這項發現頗符合一般的認知：大部分時間都很快樂的人，整體就是比較快樂的人；只在少數時間覺得短暫快樂的人，在生活中比較不快樂。

這也符合本書的概念：一旦出現80／20關係，便表示有所浪費，有待改進。但更有意義的是，80／20法則也許能使我們快樂一些。

兩種讓你快樂一些的方法

一、找出你最快樂的時間，然後盡量增加快樂的時間。

二、找出你最不快樂的時間，然後盡量減少不快樂的時間。

能讓你覺得快樂的活動，多多去做，少花時間在其他事情上。容易讓你覺得不快樂的活動，讓自己變快樂一些，最好的辦法就是別再不快樂——你以為自己不能控制，其實你可以，只要你避開那些你知道一定會讓你不快樂的情況。

對於那些非常不能讓你感到快樂的活動（或是讓你覺得不快樂的活動），請想一些有系統的辦

面對不快樂無能為力？

如果你知道有些人長年不快樂（這些人常常被冠上「心理不正常」的封號，這名詞聽似客觀，卻非常模糊且無益於解決問題，而這個名詞或許是讓世界更悲慘的原因之一），那麼你也許會認為，前述兩種方法太過簡單，而且假定我們人有控制自己快樂的能力，其實許多人都有根深柢固的心理問題，無法控制自己快樂與否。我們每個人快樂的能力，不都是命定，或受到童年經驗的影響？我們真的能決定自己快不快樂嗎？

無庸置疑，有些人天生就是比別人快樂；有人覺得杯子總是只有半滿，而有人覺得杯子只有一半是空的。心理學者和精神病學家相信，一個人快樂的能力，是由遺傳、童年經驗、腦部化學作用和生活重大事件等交互作用而共同決定。顯然，一個成年人無法改變基因、童年經驗或過去的不幸事件。所以，動不動就逃避責任的人，很容易把自己的失敗怪罪於外在因素。

還好，常識、觀察和最近的科學證據都顯示，雖說老天發給每個人一副快樂程度不同的牌，如同人人稟賦不同，我們卻可以自己努力把這副牌玩得更好，並在人生這場牌局中，逐日改進玩牌的技術。每一個成年人，由於遺傳因素和童年受到的訓練及運動的程度不同，運動能力也不

同；但藉由合理和規律的運動，仍可大幅改善身體的狀態。同理，我們也許因為遺傳與背景的影響，聰明程度各不相同，但人人可以訓練並開發自己的心智能力。我們受到基因與環境的影響，也許比較容易發胖，但只要維持健康的飲食與運動，大多數肥胖的人都能瘦一些下來。那麼就理論來說，我們變快樂一些的能力，與上述例子又有何不同？

大部分的人都有過這樣的經驗：我們認識的人或朋友，在物質生活上有所改變，但由於他們個人的某些行為，使得他們更快樂或不快樂。換對象、換工作、搬家、改變生活方式，甚至採取不同的生活態度，這些都能讓一個人的快樂程度變得不同，而且都是個人可以掌控的。所謂快樂由天註定的假設，並不可取，它只在相信宿命論的人身上應驗。人可以改變自己的命運，這是事實。它鼓勵我們，以那些能運用自己自由意志的人為榜樣。

科學證明，自己可以決定快不快樂

受到其他科學領域新發現的驅策，心理學和精神病學（精神病學比經濟學更讓人覺得前途黯淡）終於帶來讓人開心的前景，與我們的日常知識與生活中的觀察相符。

過去，遺傳學是十足的命定論，將人類複雜的行為都歸因於遺傳基因。有一位遺傳學先驅，倫敦大學學院（University College, London）的史帝夫·鍾斯（Steve Jones）教授指出：「有人宣稱，躁鬱症、精神分裂和酒精中毒係由單一基因造成。自此，過去的一切研究必須收回。」[2] 現

在，知名神經精神醫生告訴我們：「心理精神免疫學這門新領域告訴我們⋯⋯人類以一個整體而行動⋯⋯證據顯示，我們在日常生活的所思所感，以及我們的生理與心理，其間有著微妙的平衡。」[3] 換句話說，在某個限度裡，你可以選擇自己是要快樂或不快樂，甚至健康或不健康。

見微知著

這並不表示，過去有關童年經驗（或其後的不幸遭遇）重要性的研究，自此便要完全拋棄。我們在本書第一部看到，混沌理論注重「對初始條件的敏感依賴」。這表示，在任何現象的早期，任何偶然事件和看似不重要的原因，最後都可能造成極大影響。

童年時發生的大事，會讓我們生出對自己的看法：有人愛我們，或是我們沒有人疼愛，聰明或不聰明，受重視或不受重視，可以冒險或必須服從權威，這些自我的看法會影響我們一生。最初的信念，不論是否出於客觀的依據，會持續一生，終而實現。此後的種種事件，如考試結果不理想、失戀、找不到喜歡的工作、事業失敗、被炒魷魚、健康不佳等等，都會使我們偏離正軌，更強化我們對自己抱持的負面看法。

回到原點找快樂

這是個冷酷的世界，未來淨是不快樂的事？我不這麼認為。

十五世紀的人文學者米蘭朵拉（Giovanni Pico de Mirandola）指出，人類和其他動物不一樣。其他受造物的天生條件完全不能改變，人類卻擁有未被確定的本質，也就有塑造自己的能力。其他的受造物都是被動的；唯有人類能夠主動。牠們是被創造出來的；我們創造自己。當我們不快樂的時候，我們會知道是什麼事情讓我們不快樂。人處受束縛，但可以做到無入而不自得，我們可以改變自己看待外在事物的方法，即使我們無法改變它們。不只如此，我們還可以運用聰明，改變我們面對快樂或不快樂的姿態。

加強EQ，使自己更快樂

當代作家如高曼等人，把學者口中叫作IQ的智力，與**情緒**智商（EQ）做一對比：「〔情緒智商是指〕能自我激勵和能延緩滿足的能力；管理自己心情且不讓沮喪影響思考的能力；能同情別人，能懷抱希望。」[5] 情緒智商比智力更能決定一個人是否快樂，但我們的社會不重視情緒智商的發展。高曼說：

擁有高智力，不保證日後能夠發達，擁有地位，過得快樂。我們的學校和文化重視學業上的

能力，卻忽視情緒智商。情緒智商是一組特質——有人也許稱之為個人特質，它和我們的命運息息相關。[6]

好消息是，情緒智商可以培養，也能經由學習而得：當然是在小孩時期，不過在生命中的所有階段都可以。高曼說得好：「天性非命運。」這句話表示，藉由改變天性，我們可以改變命運。心理學者馬丁‧塞利格曼（Martin Seligman）指出：「焦慮、悲哀和憤怒，不會不經你的控制就爬到你身上……你可以用想法來改變你的感覺。」[7]有七種證實有用的方式，可以讓你在哀傷與沮喪剛剛冒出來的時候，就把它們趕走，使它們不致傷害你的健康與快樂。此外，養成樂觀的習慣可以使你少生病，過得更快樂。高曼表示，快樂和腦神經傳導的過程有關：

快樂帶來生理變化，其中一種變化是在腦中央逐漸阻止負面的感覺產生，並增加精力，使憂愁的思緒安靜下來……有一種靜謐，讓身體從不安情緒引起的生理反應中更快恢復過來。[8]

找出能自己擴大樂觀思想並切斷消極思想的施力點。你在什麼情況下最樂觀或最悲觀？和誰在一起？你在做什麼？天氣如何？每一個人根據環境與情況的不同，會有不一樣的情緒智商。藉由小憩片刻、選擇自己的偏好，以及做些你最能控制自己和最有益的事，可以增強自己

的情緒智商。當然，最容易使你情緒失控的局面，可以避開，或是把它出現的次數減至最低。

改變看待事物的方法

若我們以憂鬱和負面的方式思考，會把事情弄得更糟，然後覺得真的無處可逃，這就陷入自己加給自己的沮喪之中。當我們從憂鬱中走出來，會發現出路一直都在那裡。我們可以用幾個簡單的方式訓練自己，例如找人作伴，改變屋內的擺設，或是強迫自己運動，以此逐步破除憂鬱的慣性模式。

有許多人有過極其悲慘的遭遇，例如，被關在集中營的人或身患絕症的人，他們以樂觀的態度面對，改變自己的觀點，增進求生能力。神經精神病學諮商師彼得‧范威克（Peter Fenwick）醫生表示，凡事樂觀的人並非傻子，而是出自健康的自我保護機制，這樣的機制有其生理基礎。[9] 樂觀似乎是成功與快樂的重要成分，也是生活最大的動力。依照堪薩斯大學的心理學者施耐德（C. R. Snyder）的定義，所謂「希望」，指的是「相信自己可以依自由意志和自己的方式，達成自己的目標」。[10]

改變對自我的認知

你有沒有想過，自己算是成功的人或是不成功的人？如果你覺得自己是不成功的人，那麼，一定有許多人比你更不成功，而且在別人眼中，也的確不如你（但這些人不認為自己不成功）。他們對自己成就的認知，使得他們成功或快樂。同理，你認為自己快樂或不快樂也是一樣。而你自認不成功，這種感覺限制了你的成功與快樂。

是美國的目標已經達成。他沒有說出全部的原因，但那又如何！停戰了，美國才能開始重建自尊。你可以決定自己的感覺，因而感到快樂或不快樂。

請選擇想要快樂。你有義務讓自己快樂，也讓別人快樂。如果你不快樂，則你的夥伴以及長久與你相處的人也不會那麼快樂。因此，你有責任要快樂起來。

心理學者告訴我們，快樂的感覺與自我價值的認知有關。想要快樂，得要擁有肯定的自我形象；自我的價值感可以培養，也應該培養。你做得到：放棄罪惡感，拋開自己的弱點，專注於自己的優點並加強之。記住所有曾經有過的好表現、大小成就、得到過的正面回應。你有許多值得一提的事蹟，把它說出來，或至少想一想。這對你的人際關係、成就和快樂會造成影響。

這麼做，你可能覺得是在欺騙自己。事實上，若你對自己有著負面認知，這跟自我欺騙一樣會帶來罪惡感。我們不斷在訴說與自己有關的事──我們也必須說，世上沒有什麼客觀的事實；

改變事情，使自己快樂

讓自己更快樂，還有另一個方法：改變你遇到的事情。沒有人可以完全控制事態，但我們可以有多一點把握。

如果說，讓自己快樂起來的最好方式是停止不快樂，那我們最該做的第一件事，正是避開那些容易使我們沮喪的情況或人。

最常見到的人

醫學上的證據顯示，如果我們擁有知己，那麼極大的壓力也變得可以應付。但占去我們大部分時間，成為日常生活如居家、工作或社交一部分的人際關係，大大影響我們的快樂和健康。俄亥俄州立大學心理學者卡西歐波（John Cacioppo）說：

你生命中最重要的關係，以及你每天看到的人，可以決定你的健康。這段關係愈重要，對你健康的影響愈大。[11]

你每天都看到誰？他們使你較快樂或不快樂？你能依照他們使你快樂或不快樂的程度，調整你與他們相處的時間嗎？

避開蛇窩

誰都有許多無法妥善處理的狀況。我從來不懂，為什麼要教人別怕蛇——避開叢林（或寵物店）不是比較合理的作法嗎？

引起每個人難過的原因不同。我只要遇到沒道理的官僚系統就會生氣；面對律師幾分鐘後，我會感到壓力增加；塞車時我會急躁起來；不出太陽的日子，我常微微感到難過；我討厭和許多人擠在同一個空間裡。我受不了別人在我面前編造藉口、細細描述他們無法控制的問題。

如果我必須在交通繁忙時通勤，或是必須和律師一同工作，又住在冬日漫漫的瑞典，我一定會沮喪得不得了，可能會控制不住自己。但我已學會盡量以實際的方式避開這些情況：我不通勤，不在尖峰時間搭乘大眾運輸系統；我會花一星期或一個月去享受陽光；我派別人去面對那些官僚；我駕車繞開塞車地段，即便那要花較多的時間；我盡量不讓生性悲觀的人向我報告；我的

律師打電話給我五分鐘後，電話會神祕地自動斷線。結果，我非常快樂。

你必然也有自己的壓力點，把它們寫下來，現在就寫，然後有意識地讓這些情況遠離你的生活。寫下你怎麼做，現在就寫。按月檢查你做到了多少。只要有小一項成功，便恭賀自己一聲。

分析或反省這些導致你不快樂的原因，通常能帶來很清楚的結論。你討厭你的工作！配偶令你沮喪！或者說得更精確一些：你討厭你三分之一的工作；你與配偶的朋友或姻親不能相處；老闆帶給你精神上的折磨；你討厭家事。很好，你終於看到問題了。現在，想辦法解決……

每日的快樂習慣

去除了（至少已開始行動）這些不快樂的原因之後，就可以把大部分精力拿來尋找快樂的事物。找快樂，最棒的時間就是現在。快樂的本質是存在主義式的，只存在於當下。過去的快樂留待回憶，未來的快樂正在計畫，但快樂只能在現下感受。

所有人都需要一套類似飲食運動習慣（事實上也有相關）的快樂習慣。以下是我的每日七大快樂習慣：

一、運動

運動身體使你快樂。我在運動後感覺很棒，因為人類的身體在出力後會釋出腦內啡（endorphin），這是一種天然的抗憂鬱劑，其作用類似某些令人開心的藥物（但腦內啡沒有危險，也不花錢）。每日運動是必要的習慣，如果你不養成習慣，你的運動量一定大大不足。在需要工作的日子裡，我通常在上班前運動，以確保運動時間不會被驟增的工作壓力排擠。如果你常出差，務必在訂機票時把運動時間考慮進去，必要的話，調整飛機班次，不要把任何會議排在十點之前，這樣你才有充分的時間運動。

讓日子快樂的另一個辦法是**使用你的大腦**。工作可以給你這種心智的激勵，但如果你的工作沒有這種效用，就要每天做一些知性或腦力的練習。視個人興趣而有一大堆方法：填字遊戲，閱讀報章雜誌，讀書，與聰明的朋友針對一個抽象主題討論至少二十分鐘，針對時事寫篇短文或報

二、用大腦

三、靈性或藝術性的沉思與刺激

四、日行一善

五、抽一小段時間與一位朋友小聚

六、款待自己一次

七、向自己道賀

導，或做任何需要主動思考的事（看電視是被動的，不算，即使是看高階的節目也不算）。

第三，要有靈性或藝術性的刺激。這聽起來嚇人，其實不然：聽一場音樂會，進美術館、戲院或電影院，讀一讀詩，欣賞日出日落，觀星，或出席任何使你愉快的場合（甚至包括觀看球賽和體育賽事，參與政治聚會、宗教活動或逛公園）。冥想也很有效。

第四個習慣是日行一善。這不一定是慈善工作；可以是順手做到的善意行為，例如為別人的停車計時器付費或幫別人指路。一樁簡單的利他行為，也可能對你的靈性產生極佳的效果。

第五，抽一小段時間與一位朋友小聚。這必須是不被打擾的私密談話，至少要持續半個鐘頭，但形式不拘（喝杯咖啡或飲料，吃一餐飯，或悠閒散個步）。

第六個習慣是款待自己一次。先寫下所有能令你沉浸其中的事，列一張清單（別擔心，不必給任何人看）。每天至少款待自己其中一項。

最後一個習慣：每天臨睡前，為自己能夠遵循快樂的習慣而向自己道賀。這樣做的用意，是讓你更快樂而非不快樂，你可以為自己計分，做到一項算一分，每天有五分以上就算成功。如果沒做到五項，但仍然完成重要的事項且覺得非常快樂，還是要恭喜自己過了有價值的一天。

最後，來到這一章的重點，也就是幫助你快樂生活的80／20法則精華：

> 七個快樂生活祕訣
>
> 一、挑選適合的感情對象。
> 二、用心經營感情。
> 三、熱愛工作。
> 四、善用財富換取自由。
> 五、結交難能可貴的三五好友。
> 六、忠於自我與良心。
> 七、洋溢幸福,散播快樂。

一、挑選適合的感情對象

曾經有人針對非常快樂的人進行調查,發現這群人除了一個人之外,全部都有戀愛的對象。心理學領域的傑出學者塞利格曼指出:「最大的差異或許就在於……結婚的人比較快樂。」在一場大規模研究中,認為生活美滿的人當中,有百分之五十八表示他們過得非常開心。

我們生來就想要和另一個人發展親密關係。而選擇伴侶,是生命中少數(屬於百分之二十裡面)能夠決定我們是否快樂的抉擇之一。性吸引力是宇宙的一大祕密,而且顯示了80/20法則的極端形式:真正的化學作用會在一瞬間發生,所以在百分之一的時間裡,你將感受到百分之九十九的吸引力,所以你立刻知道,就是他/她了。[12]但是80/20法則讓你有所防備:此後,將出現危險和被浪費掉的快樂。記住,理論上,你有可能和許多人結合,這種腦部急速充血的情形還會再度發生。

如果你還未選擇伴侶,請務必小心,你的快樂受伴侶

的影響很大。為了你的快樂著想,也為了愛,你會想要讓你的伴侶快樂。但如果你的伴侶本就生性快樂,或者他/她每日遵循某些快樂的方法(例如我的快樂習慣),要讓伴侶快樂就比較容易。若和不快樂的伴侶結合,你也極可能會不快樂。與自尊和自信程度低的人一同生活,不管你們多麼深愛對方,都有如一場夢魘。如果你是非常快樂的人,可能可以讓一個不快樂的人快樂,但是得變出很多把戲。假若兩個不快樂的人深深相愛,有強烈的決心要快樂,也有使自己快樂的計畫,他們會想辦法讓對方快樂;但我不看好。兩個不快樂的人,即使相愛也會把對方逼瘋。

如果你想要快樂,請選擇一位快樂的伴侶。

你可能已經有一個不快樂的伴侶,如果是這樣,你自己的快樂或許會大幅減少;此時讓伴侶快樂,就成為你們兩人的大事。

話說回來,除了性吸引力和找到快樂的伴侶,還有其他因素要考慮進去。**美滿的伴侶關係必須符合以下七點:**

一、要接受對方原來的樣子,包容他的缺點,而非要求他成為你喜歡的樣子。

二、成為彼此的好朋友;不論大小事,都能享受共度的時光。

三、互相欣賞。

四、認為生活是共同的冒險。

五、看好兩人的未來十分重要。當疑慮在心中滋長，它會自我應驗。

六、交往之前，先討論可能面臨的難題。有一些最基本的問題，像是要不要生小孩，或各自承擔的角色和責任。如果你們在這種問題上缺乏共識，感情再好都有可能告吹。

七、能夠平起平坐或欣然接受兩人之間的不對等，是幸福長久的最後一項關鍵。在感情中角力，不會快樂。

二、用心經營感情

既然是共度一輩子的對象，你**一定會**跟他經歷風雨。一旦找到理想的伴侶，無論如何都要用心經營。

三、**熱愛工作**

不管薪水多高、能獲得多高的聲望，你都不值得為了這些去做不喜歡的事。你想要獲得八小時的快樂，還是度過痛苦、高壓的八小時？如何選擇，實在清楚不過。話雖如此，有好多人在職業生涯的某個階段，都曾經對每天從事的工作生厭或又愛又恨？找一份熱愛的工作，是快樂一輩子最簡單、最萬無一失的方法。

四、善用財富換取自由

有許多應該不太有錢的心理學家和社會學家聲稱，財富與快樂之間的關係，不是模糊不清，就是關係薄弱。研究快樂的艾德・迪安納（Ed Diener）[13] 倒是透露了端倪：

有些人認為，我們得到的資料顯示金錢與快樂無關，甚至解讀出有錢人過得並不快樂。事實正好相反，有許多發現一再指出，平均而言，財務狀況良好的人，比貧窮的人來得快樂……一個國家的富裕程度，與其人民的平均幸福感，有強烈的關聯性。

蓓西・史蒂文森（Betsey Stevenson）與賈斯丁・沃爾夫斯（Justin Wolfers）曾經進行大規模的研究，並且寫道：

許多學者認為，一旦「基本需求」獲得滿足，幸福感與收入的關係……不會在收入增加後被淡化關於這個說法，我們找不到支持的證據。幸福感與收入的關係……不會在收入增加後呈現正向關係……我們沒有找到飽和點存在的證據〔飽和點是指超過某一個點，財富的增加再也無法促使快樂增加〕。

這兩位學者指出，不論是國家之間，還是在同一個國家內，針對財富進行比較，都符合上述說法。[14]

有錢人比較快樂的理由很多；顯然，財富能帶給人們最棒的東西，無非就是自由——得以自由運用時間，促進自身的快樂和利他，這份彌足珍貴的自由，本身就能使人快樂。

五、結交難能可貴的三五好友

根據80／20法則的預測，你從朋友處得到的滿足感，大都來自少數的親密朋友。這法則也顯示，你的時間可能配置不當，花太多時間在泛泛之交上，卻很少花時間在要好的朋友身上。即使你跟每個好朋友相處的時間較多，每個人的友誼資料夾當中，泛泛之交仍占了大多數，因此總結來說，泛泛之交占去較多的時間。解決方法是，先決定誰是你的好朋友，然後為好朋友預留你時間的百分之八十（或許應該超過這個絕對的比例）。你應該盡可能多建立深厚的友誼，因為它們會使你快樂。

六、忠於自我與良心

你可以把快樂想像成內心空虛的相反——內心快樂滿載，像杯子盛裝喜悅。忠於自我是指，透過成就自我來實踐生命，成為你所能創造出最棒的自我。

七、洋溢幸福，散播快樂

請將快樂散播給世界！你今天要將快樂傳遞給誰呢？

結論

快樂是一種責任。我們應該選擇快樂。我們應該致力於獲得快樂──這樣，我們便與那些最親密的人，甚至不期而遇的人，一同分享我們的快樂。

11 放下管理，進行革命

時間真的不夠用嗎？

80/20法則精華

- 一場時間革命是最快獲得快樂與效率的方法。
- 如果我們在重要的百分之二十活動上多付出一倍時間，便能做到一星期只需工作兩天，收穫卻可比現在多百分之六十以上。
- 時間是我們的朋友，不是敵人。我們用時間過生活，我們度過的生活就是我們的時間。逝去的時間並非失去，時間會回來。問題並非出在時間，而是我們運用時間的方式。
- 80／20法則認為，我們應該少行動，多思考。行動會排擠思考。正因我們的時間太多，反而浪費了。把時間花在不喜歡的事情上，真是災難。
- 掌握過去與當下的最佳百分之二十，從而創造更好的未來。用更自由的方法和更好的方向來開拓這百分之二十，必能創造美好快樂的事物。

- 管控你的時間，那是你自己的時間和人生。不論是老闆、家人，還是情人，都不要讓任何人告訴你如何運用時間。
- 發掘出你在什麼事情上最能發揮。
- 剔除低價值的活動。善用時間的最佳方法，就是停止亂用時間。

可我身後總是聽見
有翅膀的時光馬車匆匆追趕；
且橫互於我們前方
乃是無垠無涯的永世之漠。

——安德魯・馬維爾（Andrew Marvell） 1

不論是超級忙碌或極端遊手好閒的人，都需要進行一場時間革命。原因不是時間太少或太多的問題，而是我們對待時間和認識時間的方式出了問題。對沒有體驗過時間革命的人來說，來一場時間革命是最快獲得快樂與效率的方法。

80／20法則和時間革命

當我們把80／20法則應用到對時間的使用時，出現了以下假設：

- 一個人大部分的重大成就——也就是一個人在專業、知識、藝術、文化或體能表現上所加入的大多數價值，都是在他自己的一小段時間內達成的。在創造出來的東西，與花在創造活動的時間，這兩者之間有極大的不平衡，不論這時間是以一天、一星期、一個月、一年或一生為單位來度量。

- 同樣地，一個人大部分的快樂發生在有限的時間裡。如果快樂能夠測度，則大部分的快樂發生在很少的時間內，而這個現象在多數情況都會出現，不論這時間是以一天、一星期、一個月、一年或一生為單位來度量。

我們可以用80／20法則重新表達上述兩種說法：

- 百分之八十的成就，是在百分之二十的時間內達成的。反過來說，剩餘的百分之八十時間，只創造了百分之二十的價值。

- 一生中百分之八十的快樂，發生在百分之二十的時間裡，也就是說，另外百分之八十的時間，只有百分之二十的快樂。

請記得，你必須用自己的經驗來檢驗這些假設是否成立，它們並非不證自明的真理，也不是窮盡全力所得的研究結果。一旦上述假設屬實（在我測試的例子中，都是正確的），便有四項令人驚訝的含義：

一、我們所做的事情當中，大部分是低價值的。

二、我們所有的時間裡，有一小部分時間比其餘的多數時間更有價值。

三、若我們想對此採取對策，就應該徹底行動。光是修修補補或只是做小幅的改善，沒什麼意思。

四、如果我們好好利用百分之二十的時間，將會發現，這百分之二十用之不竭。

花點時間去印證80／20法則，幾分鐘也好，幾小時也行。不必在意百分比是否真的是八十與二十，因為也不太可能準確算出來。只要找出來，在時間的分配與所得的成就或快樂，這兩者之間是否真的存在一個不平衡的現象。你最有生產力的百分之二十時間，是不是創造出百分之八十

不是時間管理的問題！

的價值？你百分之八十的快樂，來自生命中百分之二十的時間嗎？這是非常重要的問題，不可輕忽。也許你該把這本書放下，去散個步，直到確定你的時間分配是否平衡，再回來繼續讀。

如果你的時間使用不平衡，你需要來一次時間革命。你不需要重新自我組織或改變時間分配，只需要改變使用時間的方式，也許還需要改變你對時間的看法。

不要把時間革命和時間管理混為一談。時間管理的技術源自丹麥，是一種讓忙碌的主管更有效分配時間的訓練。現在，時間管理風行全球，已然成為一項十億美元的產業。

時間管理倒也不是一時流行，因為運用時間管理的人都深深感謝這套系統，通常在使用後增加了百分之十五至二十五的生產力。但時間管理的目標，像是要把一公升的水放入一個小牛奶紙盒中。它講求的是加速；它的對象是事情太多、多到感覺時間不夠用的企業人士。時間管理的理

時間管理的主要特色並不是訓練，而是推銷「時間管理者」和個人萬用記事手冊，這兩項產品是傳統的紙製品，現在也用電子版本。一般說來，時間管理這一行，有很濃的摩門教色彩。²

道：這個行業成長最快的富蘭克林公司（Franklin），有很濃的摩門教色彩。

論是：好好計畫每一天的每個時段，可以使主管階級更有效率。它也強調要依照事情的優先順序行事，不要被緊急卻不見得重要的事件耽擱。

時間管理的理念，彷彿假設我們都已經知道，什麼是好的時間使用方式——但如果80／20法則成立，那麼時間管理的假設就不對了，因為假使我們知道什麼是重要的，我們早就去做了。時間管理通常建議人們，把要做的事依重要程度分為ＡＢＣＤ的順序。大部分的人把百分之六、七十的活動歸在A或B，認為自己的時間真的不夠用，所以才要做一番時間管理。最後，他們有了更好的規畫、更長的工作時數，也更努力，但通常帶來更大的挫折。他們沉溺於時間管理，但這沒有徹底改變他們做事的方式，也沒有減低他們自認做了太少的罪惡感。

「時間管理」本身就有問題。這個名詞暗指時間可以管理得更有效率，時間是寶貴而難得的資源，我們必須善用時間，因為時間稍縱即逝。時間管理學家說，光陰一去不復返。

我們活在忙碌的時代；而長久以來即在預估之中的休閒時代也來臨了。所以，出現了作家查爾斯‧韓第（Charles Handy）[3]所描寫的荒唐狀態：主管的總工作時數增加，一星期工作六十小時的人不在少數。

社會分為兩種人：有錢但沒有閒暇享受的人，以及有閒但沒有錢的人。時間管理得以蔚為流行，是因為現代人擔憂自己沒有妥當運用時間，擔憂自己沒有足夠的時間把工作做到完美。

異端邪說？

80／20法則推翻了有關時間的傳統看法。80／20法則對時間的分析，和傳統的觀點大異其趣，而受制於傳統觀點的人，可從這項分析得到大幅解放。80／20法則主張：

- **我們目前的時間使用方式並不合理。**所以，也不必試圖在現行方法中尋求微小的改善。我們應當回到原點，推翻所有關於時間的假定。

- **時間不會不夠用。**事實上，時間根本多得是；我們只善用了百分之二十的時間。對聰明人來說，通常一點點時間就會造成大不同。依80／20法則的看法，如果我們在重要的二十活動多付出一倍時間，便能做到一星期只需要工作兩天，收穫卻比現在多百分之六十以上。這是和時間管理截然不同的世界。

- **80／20法則把時間當朋友，而非敵人。**逝去的時間並非失去；時間會再回來──所以一星期有七天，一年有十二個月，而季節更迭輪替。當我們對時間採取自在、輕鬆與合作的態度，見解和價值就有可能出現。時間不是敵人；我們自己運用時間的方式才是敵人。正因我們的時間太多，反而浪費了它。執行一項工作計畫時，最後百分之二十的時間最具生產力，因為必須在期限之內

- **80／20法則認為，應該少行動，因為我們一行動就不思考，**

過去、現在與未來的良性循環

我們不該擔心時間不夠用,而是要想一想,為什麼大部分的時間是以低品質的方式度過。光是加快速度或提高效率並沒有幫助,反而會帶來困擾。

80／20思考法採用一種較屬東方式的時間觀念:時間不該被視為一個連續體,它的行進方式不是由左至右的線性方向(但在商業文化中,每每用一條線來呈現時間)。比較正確的看法,是將時間當作一個同步、週期性的設計,恰似設計時鐘者的本意。時間不斷朝我們而來,讓我們有機會學習,有機會加深生命中有意義的人際關係,有機會生產更好的產品並賦予生命更高的價值。我們活在現代,也從過去走來並帶著過去的珍貴心得;而未來就在眼前。下圖以三個有連鎖關係的三角形來說明時間,這比由左至右的表示法好多了。

用這種方式思考時間,有一大效果:它向我們顯示,我們應該守住生命中最寶貴、最有價值的百分之二十——我們的個性、能力、友情,甚至有形資產,且確保這百分之二十獲得滋養、發展與擴大,以增加我們的效率、價值與快樂。欲達此目的,必須維繫持久且連續的人際關係,秉

```
        未來
      現在
    過去
```

時間的三方結盟圖

持「明天會更好」的樂觀態度（我們樂觀，是因為可以掌握昨日與今日的最佳百分之二十，從而創造更好的明天）。

以此觀之，未來並不是一場我們不知片名為何、卻中途闖進去觀賞的電影，一邊看著、一邊心裡明白（同時害怕）時光飛逝。未來是由現在和過去一同組成的空間，給我們機會創造美好的事物。80／20思考法堅信，只要我們用更自由的方法和更好的方向開拓這百分之二十，必能創造美好的事物。

時間革命者的入門書

以下七個步驟可引爆時間革命。

一、努力不等於報酬

不論你的宗教信仰為何,清教徒式的工作觀深植於每個人心中,我們需要將這個觀念連根拔除。然而,我們偏偏喜歡認真工作,至少覺得完成工作是一種美德。那麼,該怎麼辦?首先,我們必須在心中養成一個認知:努力工作並非達到目標的最好方式;努力只帶來有限的收穫,而見解與真正做自己想做的事,才會帶來高報酬。

其次,挑一個具備「有生產力的懶惰特質」(productive laziness)的人,當你的守護神。我選的是前美國總統雷根(Ronald Reagan)和投資大師股神巴菲特(Warren Buffett)。

雷根不費吹灰之力,便由一個二線演員轉變成共和黨的寵兒,繼而成為加州州長,最後選上總統,成就斐然。雷根有什麼魅力?他長得好看;他的聲音好聽,而且能視場合自如展現口才(他那回遇到襲擊,真是極致的口才表現);他是精明的選戰總經理;他充滿老式的優雅作風;他用迪士尼樂園式的觀點看待美國與全世界。雷根表現自己的能力只是小事,他掌握傳統觀念的能力也不需提,他激勵美國人與打擊共產主義的能力才真的可怕。套句邱吉爾的名言:這麼少人,花這麼少力氣,卻能達成這麼多目標,此前所未見也。

投資大師巴菲特是美國的頂尖巨富,但他不是靠著努力工作而致富,他靠的是投資。一開始他只有少少的資金,但許多年下來,他資金增值的速度遠超過股票的平均上漲率。他只做了一點

點分析就達到這個結果,他其實應用了一些個人的見解。

巴菲特的財富是從一個好主意開始累積的:美國地區報紙多半是地區性的壟斷事業。這個簡單的看法讓他初嘗致富的滋味。接下來,他把許多資金投入媒體事業,因為這是他瞭解的事業。巴菲特若不是懶惰,就是非常節省精力。大多數的基金經理買許多股票,且經常買賣炒作,巴菲特卻是買得少,而且不賣。那麼他就無事可忙。他非常輕視傳統的組合式多元投資法,他笑說那是諾亞方舟法:「每種買兩個,最後你會有個動物園。」他說自己的投資哲學是「近乎怠惰」。

每當我想多做一些事,就會想起雷根和巴菲特。你應該找幾個這類的例子,你認識的人也好,公眾人物也好,總之是能夠彰顯「有生產力的懶惰特質」的人。然後,沒事就想一想他們會怎麼做。

二、拋開罪惡感

能不能拋開罪惡感,關乎你會不會工作過度,也關乎你是不是正做著自己喜歡做的事──做自己喜歡的事不是錯,因為自己無法樂在其中的事,是沒有價值的。

做自己喜歡的事,把這件事當成你的工作,並認定你的工作就是它。有錢人能變得有錢,幾乎全是因為他們一開始就是做自己喜歡的事。你不妨把這當作又一個80/20怪現象:世上有百分之二十的人,不但享有百分之八十的財富,也占去百分之八十從工作得來的快樂。

作家約翰・肯尼斯・蓋布瑞斯（John Kenneth Galbraith）注意到這種職場上的不公平。中產階級薪水較高，工作較有趣，又能從中獲得較多快樂。他們有助理，出差時坐飛機頭等艙，住高級飯店，連工作內容都比較有意思。高階企業人士平日所享受的這些特別待遇，若要自掏腰包負擔，可得花不少錢。

蓋布瑞斯曾提出一種革新性的觀點，他認為，工作內容比較無趣的人，應該領比較高的薪水。好個掃興的傢伙！這樣的看法固然能激發思考，畢竟不能帶來好處。80／20現象這麼多，如果你往深處探索，就會發現，在表象之下有更深刻的邏輯。

以上述例子而言，邏輯非常簡單。有大成就的人，必然喜愛自己所做的事。唯有自我滿足的人，才能創造出非凡的價值。任何一個時代的大藝術家，其作品的質和量都令人瞠目。梵谷從來沒有放下畫筆。畢卡索早在安迪・沃荷（Andy Warhol）之前就像工廠大量產出藝術品，因為他樂在其中。

米開朗基羅的作品數量龐大，氣勢雄偉，許多是出於性慾的激發。即使是不完整的片段，如《大衛王》和《垂死的奴隸》，如西斯汀教堂的天花板和聖彼得大教堂的聖母慟子像，即使有助手，也都是不可思議的創作。米開朗基羅策畫這些藝術品，不是因為這是他的工作，也不是因為想賺錢，而是出於對創造的熱愛，和年輕男性他害怕脾氣暴躁的教宗儒略二世（Julius II），更不是想賺錢，而是出於對創造的熱愛，和年輕男性的愛慕情感。你也許沒有米開朗基羅那般的動力，但是如果你不喜歡、不想要創造具有長遠價值的

事物，你就創造不出來。此道理對個人如此，在商業世界亦然。

我並不是主張人可以永遠懶惰。工作是一種滿足人類內在需求的自然活動──失業、退休與一夜致富的人，想必明白這話的意思。關於工作與遊戲的比重如何分配，每個人有自己認定的平衡、節奏和理想，而大部分的人都能從心底明白，自己是太懶惰還是太認真。80／20思考法很有用的一點是，它鼓勵大家，在工作與遊戲時都要追求高價值與高滿足感的活動，它並不鼓吹以工作取代遊戲。但是我猜，大部分的人在不對的事情上都太過認真。

如果，這個世界能以少一些工作換得更多的創造力與智慧，那該有多好。如果有了更多的好工作，將有益於百分之二十的辛勤工作者，而這兩種方式都能讓社會得利。工作的質比量重要，而它的質由你決定。

三、那是別人硬加給你的義務

當花了八份的時間只獲得兩份結果時，我敢說，這樣的情況八成是為了完成別人的命令。

今日我們認為所謂工作，指的是找一份有保障，但不能完全自由的差事，指的是為別人工作。這樣的想法，就歷史而言，也是最近一段時期才出現（儘管也有兩百年了）。[4] 其實，即使你在大企業工作，領的是大公司的薪水，也應該將自己視為一個獨立的公司，為自己工作。

80／20法則一再顯示，有大成就的那百分之二十的人，都是為自己工作，即便為別人做事，

他們也認定是在為自己工作。

這個概念也適用於工作以外的生活。如果你不能支配自己的時間，就很難善用它。即使你能支配自己的時間，也很難善用它，因為你會陷入罪惡感的牢籠，而傳統作法與迎面襲來、關於該做什麼的外在壓力，也使你受限。

我的忠告絕對可取，也絕不言過其實。不過，由於你能自己支配時間，至少有可能把這些束縛減少。盡然是孤僻的人，他有合夥人、員工、盟友和人際網絡，他總得有所付出，否則如何期待別人願意配合。重點是：小心選擇合夥人，小心選擇所要承擔的責任，要非常謹慎。

四、以獨特的方法使用時間

如果要你把最寶貴的百分之二十時間拿出來，去當一個好士兵，達成別人對你的期望，參加一場人人認為你會參加的會議，去做同儕都在做的事，或是遵從你扮演的角色的傳統特質，不論是哪一項，你可能都不願意。事實上，你應該要質疑，上述這幾件事當中，哪一件是必要的。

若你採行傳統的行動或解決方式，那就逃不掉80／20法則的殘酷預測，而把百分之八十的時間花在不重要的活動上。

為了避免這種下場，你得找出不落俗套或具個人色彩的方式來運用時間。問題是，若你不想被排除在世界之外，你能離傳統多遠？有特色的方法不見得都能提升效率，但至少有一種方式是

五、找出那百分之二十

你用百分之二十的時間，達成百分之八十的成就，擁有百分之八十的快樂。也許，讓你獲得成就的百分之二十時間，不是讓你快樂的那百分之二十時間（但往往有很大部分的重疊），所以首先要分辨，你的目標是獲得成就，還是快樂？我建議你分別觀察這兩者。

在快樂方面，先要認清楚你的**快樂群島**何在。快樂群島指的是那些曾經帶給你相當多快樂時光的日子，或是那幾年。拿張白紙，寫下「快樂群島」幾個字，然後列出你記得的所有快樂時光。再把列出的各項做一番整理，把一些共通性質找出來。

接下來，用同樣的程序找出你的**不快樂群島**。一般而言，快樂群島不會占你總時間的百分之八十，因為對大部分的人來說，在快樂和不快樂兩群島之間，有一大片叫作「還可以」的無人區域。不過，你務必認清使自己不快樂的原因，也認清這些原因到底有沒有共通點。

至於成就方面，同樣做一遍前述程序。確認你的**成就群島**為何：所謂「成就群島」，指的是經常有優秀表現的時期，它可能是一星期裡的某些天，或一個月裡的幾天，或是你一生中的某個時

期。在一張白紙上寫下「成就群島」，再逐一列舉，愈多愈好，最好涵蓋你全部的生活。

然後，試著找出成就群島中各項的共通點。你不妨參考一下本章第245－246頁列出的「十大超值時間運用法」，這是從許多人的經驗中集合而成的心得，可能對你有所幫助。

在另一張紙上，列出你的**成就荒島群**。這些是指最停滯不前、生產力最低的時期。也可以看一看第244－245頁列出的「十大無效時間運用法」。同樣地，注意各個成就荒島有沒有共通性。

好，現在就照著做吧。

六、讓那百分之二十的時間增加

你已知道了你的快樂群島和成就群島分別為何，你也許想多花些時間在這類活動上。當我解釋這個想法時，有人認為我的邏輯有瑕疵，因為在這百分之二十上面多花時間，可能導致報酬減少；在百分之二十上花兩倍時間，產出的可能不是百分之八十，也許只有百分之四、五十，或六、七十。

對此我有兩個回應。第一，既然（目前來說）快樂或效率不可能精確度量，這項批評在某些情形下可能是對的。但不管它是四十或七十，總之一定會有大幅成長。

但是，第二，我不認為這些批評在一般情形下是正確的。我的方法不是建議你依樣畫葫蘆，把那些在今日能帶給你八分效果的百分之二十**完全**照抄一遍。我要你找出讓你快樂和讓你有成就

的共通點，目的是希望發現更基本的特質，像是你在什麼領域最能夠發揮。

很可能，有些事你應該做（才能發揮你全部的潛力，或者獲得快樂），也做得不好，或者只做到某個程度，甚至根本還沒開始。不過，且看兩個例子。有一位叫狄克‧法蘭西斯（Dick Francis）的國家級賽馬騎師，直到四十歲才出版他第一本有關賽馬的書，但是他從出書這件事獲得的成功、財富和自我滿足，遠超過過去數十年的賽馬生活。又如一個叫理查‧亞當斯（Richard Adams）的人，他本來是一事無成的中年公務員，但後來寫了一本暢銷書《瓦特希普高原》（Watership Down）。

常常，在做快樂或成就帶給你百分之八十的成就或快樂，你的基本目標就應該是花時間在這些活動上。這要從短期目標做起。短期目標是在一年裡，把原占百分之二十的高價值活動提高為百分之四十，這不難達成。一旦達成短期目標，將使你的生產力提高百分之六十到八十（這麼一來，你藉著兩份百分之二十的時間，獲得兩份百分之八十的產出，所以，即便你一開始放棄了占百分之八十的活動，因而失去百分之二十的產出，現在你的整體產出卻可以達到百分之一百至一百六十）。

七、剔除低價值活動

對於那些只給你兩成結果的百分之八十活動，最好的對策是剔除它們。而你可能要先剔除這些活動，再把時間分配到高價值的活動上（也許很多人覺得，激勵自己多花時間在高價值活動上，更能促使自己擺脫把時間吃掉的低價值活動）。

對於我這項建議，許多人通常會立即表示，他們無法擺脫低價值的活動。他們認為，這些低價值活動屬於避不掉的家庭、社會或工作上的責任。如果你也這麼想，請再思考一番。

正常情況下，總是可以在現有環境中找到一大片空間做新的嘗試。記得前面提過的忠告：找出有個人特色的方式來運用時間，不要盲從於傳統。

試試你的新策略，看看出現什麼結果。反正你想剔除的活動價值不高，當你不再做這些事，不會有人注意；就算注意到了，他們也會發現這些活動的確耗時，因而不會太在意。

如果需要先巨幅改變環境，譬如換一個新工作、新事業、新朋友，甚至換個生活方式或另一半，才能拋開低價值活動，你就要設定計畫，否則你便無法發揮潛能，獲得成就及快樂。

四種有效運用時間的例證

第一個例子是威廉・格萊斯頓（William Ewart Gladstone），他是英國維多利亞時期一位知名的自由派政治家，曾經四度擔任英國首相。格萊斯頓在許多方面的表現都相當獨特：他嘗試援救「墮落」妓女的措施，卻慘嘗敗績，而且不時會出現自虐的行為；但是我們在此要關心的是他運用時間的獨門方法。[5]

格萊斯頓並不因為自己的政治責任而備受約束。他履行政治責任時相當有效率，因為他都隨自己的高興而投注時間。他熱愛旅行，不論是在英國本島或外國旅行他都愛，在首相任內，他經常以個人身分私訪法國、義大利和德國。

他愛看戲；他有幾椿追求女性的風流韻事（幾乎都是非肉體的追求）；他廣泛閱讀（一生約讀了兩萬本書）；他在下議院發表超級冗長的演講（議員們非聽不可）；現代的競選活動可說是他的發明，而他對選舉樂此不疲。他只要覺得有一點點不舒服，便會在床上躺一整天，在床上閱讀並思考。他過人的政治精力和效率，來自於他特異的時間運用法。

三大特異管理顧問

另一個關於非傳統時間管理法的例子，來自管理顧問這個穩重的領域。當管理顧問的人，通

常工作時數長，還要面臨令人發狂的事務。但我以下要介紹三位我很熟的顧問，不在此列。這三人都做得非常成功。

我稱第一位為佛烈德，他藉由顧問事業賺得千萬財富。他並非商學院出身，卻有能力設立一間成功的大公司，公司上下除了他以外，幾乎人人一週工作七十小時以上。佛烈德偶爾進公司，每個月與股東開一次會，這是全球股東都得參加的會議，但是他比較喜歡把時間拿來打網球和思考。他以強硬的手腕管理公司，但從不大聲講話；他透過五個主要部屬來掌握公司的一切。

第二位顧問別名藍迪，是位陸軍中校。全公司裡，除了創辦人之外，他是唯一一個不是工作狂的人。他前往另一個遙遠的國家，在那裡設立一家繁榮且快速成長的公司，員工主要也來自他的家鄉，工作努力得不得了。沒人知道藍迪如何運用時間，也不知道他的工作時數，但他的確逍遙自在。藍迪只參加重要的客戶會議，其他事務都授權給年輕的合夥人處理，有時還編造荒唐的理由，解釋自己為何不在公司。

藍迪雖是公司領導者，卻不管任何行政事務。他把所有精力都拿來思考，如何在與重要客戶交易時增加獲利，然後安排以最少的人力達成此目的。藍迪的手上從來不曾有三件以上的急事，通常一次只有一件，其他的則暫時擺在一旁。為藍迪工作讓人充滿挫折感，但他確實效率奇高。

最後一個特異的例子是位朋友兼合夥人，且稱他為吉姆。我永遠記得，我和吉姆共用一間辦公室的日子，當然辦公室裡還有其他同事。這是個擁擠且騷動的辦公室，有人講電話，有人正

十大無效時間運用法

如果你已拋開低價值的活動，你的時間就一定會花在高價值的活動上（無論是為了成就或讓自己開心）。我希望你先認清楚，哪些是把時間吃掉的低價值事務。以下列出最常見的十項，以防你有所疏漏。

一、別人希望你做的事
二、老是以同樣方式完成的事
三、你不擅長的事

十大無效時間運用法

準備向客戶報告，屋子裡到處是聲音。

但吉姆好比一片平靜的綠洲，光盯著行事曆沉思。他在運籌帷幄。有時，他會帶幾位同事到安靜的房間裡，向他們解釋他對每個人的要求；不只是講一、兩遍，而是再三說明，務求交代所有的細節。然後，吉姆會要求同仁複述一遍他們即將進行的工作。吉姆的動作緩慢，看似毫無生氣，且近乎半聾。但他是非常棒的領導者。他把所有的時間拿來思索哪件工作最具價值，誰是最合適的執行者；然後，緊盯著事情進行。

十大超值時間運用法

這份列表讓你從反面思考：

四、做的時候毫無樂趣可言的事
五、總是被打斷的事
六、別人也不感興趣的事
七、如你所料、已經花了兩倍時間的事
八、合作者不可信賴或沒有品質保障的事
九、可預期發生過程的事
十、參加Zoom（或類似的）視訊會議

果斷地拋開這些事。絕不要被每個人占用你的時間。最重要的是，不要因為別人開口要求，或接到一通電話或訊息，就去做某件事。依照南西·雷根的建議，該說不時就說不。或是學一學英國政治家喬治·布郎（George Brown），完全視而不見。

一、提升生命大目標的事

二、你一直想做的事

三、付出的時間與獲得的結果已經符合20／80比例的事

四、能大大節省時間並（或）使品質倍增的創新方法

五、別人說你不可能完成的事

六、別人已在其他領域進行且獲得成功的事

七、運用自己創造力的事

八、能讓別人為你工作而減少你工作量的事

九、和已經超越80／20模式，以獨特方式運用時間的高品質合作者配合的事

十、千載難逢、稍縱即逝的事

當考量任何運用時間的方式是否值得採用時，問自己兩個問題：

一、它是否不循舊法？

二、它一定能提升效率嗎？

時間革命可行乎？

如果這兩個問題的答案是肯定的，才可能是好的時間運用方式。

讀者可能會認為，我的建議相當具革命性，且淨屬空談。你可能會說：

- 我別無選擇，我無法運用自己的時間。老闆不會答應。
- 我得換工作才能採行你的建議，但我擔不起換工作的風險。
- 這對有錢人是很好的建議，但我可沒那個自由。
- 我得和另一半離婚（才做得到你說的那些）。
- 我只要讓效率成長百分之二十五就夠了，我沒有野心要變成百分之兩百五十。我不相信這做得到。
- 如果像你說的那麼簡單，誰都做得到。

如果你發現自己有以上想法，時間革命就不適合你。

直到你願意

這些反應可總結為下列幾句:「我不是急進派,更不是革命分子,所以饒了我吧。基本上我對現在的水準相當滿意。」沒錯,革命令人不舒服,令人痛苦,會帶來危險。在你展開大改革之前,心裡必須明白,它可能帶來重大風險,也可能引導你進入一個未知領域。

想要進行時間大改革的人,還需考慮過去、現在和未來。在如何分配時間的背後,隱藏著更重要的問題:我們想在生命中追求什麼?

12 人生所為何事
檢查你的生命重點

80／20法則精華

- 你在生活中想要擁有些什麼？你可以什麼都想要。
- 你必須先知道自己想要什麼，才懂得去追求。
- 現在與你一同生活的人，是適合你的人嗎？
- 你是否結交到好的朋友，並經常與他們見面？
- 你現在居住在恰好的地方嗎？
- 你樂在自己的工作嗎？
- 你在所處的環境中，覺得輕鬆舒適嗎？
- 你能充分展現你的天生創造力嗎？
- 專注在你很輕鬆便可達成、感覺有生產力又快樂的事情上。你應該追尋那些少數你表現非

你在生活中想要擁有些什麼？是不是「什麼都想要」？我說，你想要的，你都能得到：理想的工作；符合需求的人際交往；能讓感到你快樂並擁有滿足感的社交、心靈與美感層次的吸收；擁有的金錢能力足以維持一個符合你身分的生活方式；另外，你也許想要有所成就或者為他人服務。如果你不打算追求這一切，你將無法擁有。而你必須先知道自己想要什麼，才懂得去追求。

大部分的人都不知道自己想要什麼。因此，大部分人的日子過得並不平衡。我們努力追求金錢與成就，一旦達成目標，竟然發現上表現得不錯，在人際關係上卻一塌糊塗。我們努力追求金錢與成就轉眼成空。

80／20法則道盡這種悲慘情境。我們所做的努力中，有百分之二十可以帶來百分之八十的結果。我們把百分之八十的力氣，浪費在低價值的成果上。在我們所擁有的時間裡，百分之二十用來創造百分之八十我們認為有價值的事物；但其餘百分之八十的努力，只有百分之二十的結果。

至關重要之事，絕不可受無足輕重之事擺布。

—— 歌德

■ 這樣一來，你就會對生活感到滿意。這是你需要且值得過的生活，作法比你想的還要簡單。

常優秀且喜歡做的事。

由生活方式開始

你喜歡自己的生活嗎？只喜歡生活的一部分不算，我指的是絕大部分，最起碼是百分之八十的生活。喜歡也好，不喜歡也罷，是否有更適合你的生活方式存在？問你自己：

- 現在與我一同生活的人，是適合我的人嗎？
- 我現在住的地方，是恰好的地方嗎？
- 我的工作時數剛剛好嗎？符合我理想生活中的工作與休閒比例嗎？符合我的家庭和社會需

我們百分之八十的時間，浪費在沒有意義的事情上。百分之二十的時間，創造百分之八十的快樂；其餘百分之八十的時間只產出微不足道的快樂。

但並不是所有事情都可以用80／20法則來解釋，也不必如此。80／20法則的作用是診斷問題，指出事情令人不滿意的部分和浪費的情形。我們應該致力打破80／20模式，若不能，至少要將之轉化至更高的層次，讓我們過得更快樂，做事更有效率。牢記80／20法則的承諾：只要我們注意到它所傳達的訊息，便能少做多賺，多享受，成就更多。

首先，我們必須對所有想要的事物有個完整的看法。

關於工作

- 要嗎？
- 我掌控了自己的生活嗎？
- 我能隨性做運動或沉思嗎？
- 我在所處的環境中，總是覺得輕鬆舒適嗎？
- 我的生活方式，讓我更有創造力，更容易發揮潛能嗎？
- 我的錢夠用嗎？所有事情都很有秩序，不用操心嗎？
- 我的生活方式，對於我想幫助的人有絲毫貢獻嗎？
- 我與好朋友見面的次數夠多嗎？
- 我為了工作出差旅行的程度剛剛好，不多也不少嗎？
- 我的生活方式適合我的伴侶或家庭嗎？
- 我完全不缺什麼嗎？該有的我都有了嗎？

工作是生活的一大重心，但工作太過或不及都不好。人人都該做事，無論是否屬於支薪的工作，不管你自認多麼樂在其中，都不該讓生活被工作占滿。工作時數也不該受社會習慣的制約

工作疏離感

許多人並不怎麼喜歡自己的工作。他們不覺得工作與自己有關係，但因為工作可以維生，所以「必須」工作。你可能也認識一些人，你不能說他們不喜歡自己的工作，但他們對工作懷著矛盾的心情：他們喜歡工作中的一部分或工作中的某些時候；但不喜歡另一些部分或另一些時候。而有更多人，也許是多數的人，願意換一個跟現在工作拿同樣薪水的差事。

事業不是另一個獨立的東西

你（或與合夥人一起）追尋一個事業，你該如何看待這事業？你該看它對生活整體品質帶來的結果：你住哪兒，跟朋友相處的時間多少，你從工作中真正獲得的滿足感，以及你的稅後收入是否能維持你要的生活方式。

至於就你目前的工作情形而言，應該多做一些或少做一些，可以用 80／20 法則來測度。它的概念是：如果一般來說，你不工作時比較快樂，那麼你應該多工作或改變工作以外的生活。真正恰當的情況是，你能做到在工作中和工作以外一樣快樂，達到至少在百分之八十的工作時間是快樂的，也在百分之八十以上的餘暇時間覺得快樂。

其實，你可以有別的選擇。你目前的事業也許適合你，你把它當作一個基準。但是請發揮創意想一想，你是不是真的不喜歡另一種事業、另一種生活方式。請針對你目前和未來的生活，提出幾個不同的方案。

在這樣想像時，請記得一項前提：工作和生活並不衝突。許多事都可以是「工作」，尤其現在休閒工業已是一大主要經濟活動，工作更是有各種可能性。你的工作可以和個人喜好有關，也可以將喜好轉為一種事業——熱情必會帶來成功。通常，讓個人喜好變成一項事業比較容易，要對某項受別人指揮的事業產生熱情則較難。

不論你做什麼工作，都要明白自己最適合達成什麼目標，並且是在整體生活中思考。說來簡單，但人的舊習難改，對於事業的傳統想法很快就削減了生活的重要性。

舉例來說，一九八三年，我與兩位前同事共同創業，經營一家管理顧問公司。我們很清楚，為前任老闆工作時，我們的工作時間極長，必須經常出差旅行，這對生活造成負面影響。因此我們決定，在自己的新事業裡，要建立一種「完全以生活為主」的工作取向，同時注重賺錢和生活品質。但工作量很快就激增，變成每星期工作八十小時，我們要求員工也這樣工作。有位顧問指責我們「毀掉別人的生活」，那時我不懂他的意思。為了追逐金錢，「完全以生活為主」的預定取向很快就消失不見了。

哪種事業讓你最快樂

我提出這些說法，是要你「退出」商業世界激烈的競爭嗎？未必，要看你是怎樣的人而論。

也許你在激烈競爭中感到快樂；也許你跟我一樣，生來就是要競爭的人。

你當然應該清楚自己喜歡做什麼事，並試著將之納入你的事業。但是你喜歡做的事只是因素之一；你也要考慮整個與工作有關的環境，衡量這對你的專業表現有無影響。這和你決定從事什麼職業會快樂，一樣重要。

弄清楚你自己的狀況：

- 你是不是非常希望有成就，希望事業成功？
- 你在什麼情形下最快樂：為一家大公司工作？自行創業，自給自足？還是雇用別人？下頁圖顯示了這種選擇。哪一個選擇最貼切描述你的狀況？

第一種人企圖心很強，但喜歡在組織健全的公司工作，由組織照顧。二十世紀的典型企業人便屬於這類型。這類人的數目漸漸減少，因為大組織雇用的人員較少了（將愈來愈少），市場被小公司分掉了（未來，市場不一定會繼續被瓜分）。如果你想要成為這類型的人，便要認清事實，不過仍然可以繼續保有你的抱負。儘管大對減少。

	喜歡在組織內工作	喜歡自行創業、孤獨的商人	喜歡組織或分析別人
需要追求成就的程度 高度	1	2	3
需要追求成就的程度 低度	4	5	6

你想追求的事業和生活方式

組織不再是保障，還是能提供結構和地位。

第二類型是專業人士，渴望得到同業的肯定，或是想成為該專業領域的佼佼者。他們希望自主，在組織環境中適應不良，除非該組織有近乎縱容的寬大態度（一如大部分的大學）。這類人應該盡快創業；而一旦自行創業，就不要雇用員工，雖說多雇用一些人能帶來利益，卻要忍住誘惑。第二類型是單打獨鬥的商人，他們一點都不希望在專業上依賴任何人。

第三類人擁有高度的衝勁和野心，討厭被人雇用，但不想要過單打獨鬥的生活。他們也許不受傳統的限制，但他們創立事物，想要建造自己的組織或網絡。他們將來會創業。

鍾情於電腦軟體事業的比爾‧蓋茲，現今名列全美首富，他大學沒念完，中途退學。但蓋茲身邊需要有人，要有許多人為他工作。很多人都屬於這

一類型。不過,由於企業裡流行授權理論,許多人其實擁有這類需求,但不明顯,自行創業的渴望顯得沒那麼強烈。如果你想和別人一同工作,但不是聽命行事,你是第三類型的人——最好接受事實並面對它。許多在工作中心灰意冷的專業人才,都屬於第三類型,他們喜歡自己的工作,但以第一和第二類的方向行事。他們不明白,使他們受挫的原因是組織,與專業無關。

第四類型的人對事業沒有太多衝勁,但喜歡與別人共事。他們應該在傳統工作或義務工作上花時間。

第五類型的人沒有企圖心,但在工作中要求擁有高度自主權。這類人最好成為自由工作者,為別人做某些專案,讓自己自由自在。

第六類型的人想要有事業成就,但喜歡把人組織起來,並享受開導別人的過程。許多教師、社會工作者和義工屬於第六類型的人,把自己的角色扮演得很好。對第六類型的人而言,過程勝於一切。

許多人會漸漸轉向「適合」自己的類型,但是對工作有疏離感的人,通常是因為置身於不合自己類型的環境。

關於金錢

大多數的人對金錢有自己特殊的看法。他們認為要獲取金錢很難。

在我看來，錢不難賺，一旦你擁有一些錢，用錢滾錢並不難。那麼，一開始你該從何處獲得金錢？最好的方式是去做你喜歡做的事，這法子的效果奇佳。道理如下。如果你喜歡做某件事，那麼你對此事可能頗為拿手，比不喜歡的事來得擅長（不見得一定如此，但鮮少有例外）。如果對某事拿手，你就能創造出也能讓別人滿意的事物，那麼別人通常會有所回報。既然大部分的人做的不是自己喜歡的事，生產力不會跟你一樣高，你便可以賺更多。

但此邏輯並非屢試不爽。有些專業領域如演員這一行，人浮於事，這時該怎麼做？

不管你怎麼做，絕對不可放棄；不但不可放棄，還要更加努力，去找一個人才供需比較平衡、比較接近你要求的職業。這類的職業也許無法一眼看出，但選項倒是不少。換個角度想一想：當一名政治人物和當演員的條件差不多，成功的政治人物，如雷根、甘迺迪、邱吉爾或柴契爾夫人，有的本來就當過演員，有的則有潛力當個好演員。卓別林在電影中模仿希特勒演得極像，這並非意外；希特勒若是演員，也許會成為二十世紀最具個人魅力的演員。現在這樣說，事情似乎很明顯，但很少有走演員這條路的人，想過要往政治圈發展，然而政治圈的競爭沒那麼激烈，待遇也很好呢。

萬一，在就業市場上，你最喜歡做的事沒有多少工作機會，你也找不到一個接近的職業，怎麼辦？那就找一個你第二喜歡做的事，然後重複前述的過程，直到找到一個你也喜歡、待遇也不錯的工作。

當你找到喜歡的工作了，你很在乎薪水，而你也對這份工作很有把握，那麼你應該快快創業，然後開始雇用員工。

這項結論是從80／20法則得來的。在任何一個組織或職業裡，百分之八十的價值來自百分之二十的專業人才。表現好的人，待遇比表現低於平均的人高，但不能反映兩者在表現上的差別。若依表現來衡量，優秀人才的待遇總是過低，而表現不良者過高。你身為優秀員工，逃不過這個現象。老闆也許認為你很優秀，但不會將你的真正價值歸給你。對此，唯一的方法是自己開公司，雇用其他優秀的員工。不過，如果你不喜歡自己當老闆，就別這麼做。

錢滾錢，很容易

還有一點必須記住：一旦你有些閒錢，便很容易增值。把錢存起來用於投資。這就是資本主義。讓錢滾錢不一定要從商；你可以藉由80／20法則的引導來投資股票，這在第十五章將會詳述。

關於成就

有些人希望有所成就，所以就出現一種聰明人：所有勵志書籍的作者總是告訴你，人在生命中需要方向和目的。接著他們說，你沒有方向，沒有目的。然後你陷入痛苦，思索著自己的人生方向和目的。最後，他們告訴你，你該怎麼做。

因此，如果你不想達成什麼事，同時又對生活感到滿意（都只是小小的成就），那麼你真是幸運的人（可以直接跳讀本章最後一節）。

可是如果你跟我一樣，生命中若是缺乏成就，會覺得有罪惡感，覺得不安，希望更有所作為，這時80／20法則可以幫助你減輕痛苦。

有所成就，不是難事。它不該是「九十九分的努力加上一分的靈感」。相反地，你可以試試看，是不是「二十分的努力，讓你擁有目前的百分之八十分成就」，但這成就要以你自己的價值觀來衡量。果真如此或差不多，你就要小心經營這百分之二十的努力。你能夠一次又一次獲得成就嗎？你能結合兩項成就，讓它們帶來的成就感加倍嗎？你能讓成就升級嗎？你能在更高的層次重製一項成就嗎？

- 回想你過去的成就。那些以市場反應而言最具正面成績的成就，以及最獲好評的成就，是

不是占工作和遊戲中的百分之二十，創造出讓人稱許的百分之八十。這帶給你多少實質的滿足感？

- 過去，什麼方法對你最有用？與誰合作？哪一群聽眾？再一次，想一想80／20法則，任何只產生一點點平凡成就感的時間或付出，都該丟掉。想想那些極其輕鬆便達成的高水準表現。不要受限於自己的工作經歷，把你的時間當成一個學生、觀光客或朋友。

- 往前看，你能去做哪些自己引以為傲，而別人無法輕易達到的成就？如果你身邊有一百個人試著做某件事，有什麼是你花百分之二十的時間就能完成，而他們要花百分之八十的時間才做得到？你在領先的這百分之二十當中居於哪個位置？更嚴格一些，什麼事是你能用二份時間，做得比他們花八份時間更好的？這些問題乍聽像個謎，但它們都有答案。人在不同領域有著多樣的能力，令人難以置信。

- 如果，從某事當中得到的樂趣可以測量出來，有什麼事是你比這百分之九十五的同輩更喜歡的？你在哪方面表現得比百分之九十五的人更優秀？哪些成就可以讓上述這兩者實現？

專注在你很輕鬆便可達成的事上。大部分的勵志書籍作者都犯了一個錯，他們說，你應該多嘗試那些你以為困難的事；這就像在膠囊藥物問世之前，祖父母逼小孩服下液狀的魚肝油。那些作家引用傑出人物華生（T. J. Watson）的話說：「成功靠過去的失敗而來。」但我認為，失敗通常

你還需要什麼？

我們討論了工作、生活方式、金錢及成就。若欲全部擁有，你還需要美好的人際關係。這需要花一整個章節討論。

正來自過去的失敗；但你可以從近期的失敗站起來，以達到成功。一旦你在某些事非常成功，那就是成功，不管那是不是少見的成就。80／20法則說得清清楚楚。你應該追尋那些少數你表現非常優秀且喜歡做的事。

13 朋友不在多
村莊理論的啟發

80／20法則精華

- 在我們所有的人際關係中，百分之二十的關係通常給了我們百分之八十的價值。

- 在我們人際關係的價值中，百分之八十經常來自百分之二十早期建立的深厚人際關係。

- 面對這關乎人生幸福的百分之二十關係，我們付出的關注遠遠不到百分之八十。

- 一個人所能建立的愉快及重要的人際關係，其數目有限。人類學家稱其為「村莊理論」。雖說現代人的「村莊」已經擴大到整個地球，但是關係緊密的朋友為數依然不多。這個人際關係的「位置」一旦被占據了，其他有益的友誼就很難再填補進來，除非你把占據目前位置的某人「踢出去」。

- 請放慢速度，謹慎地為這些位置安排人選。選擇正向樂觀、富有愛心、品行良好、充滿創意的人，以及你可以付出愛並為對方開創生命意義的對象。

個體結合成有力的聯盟，推動了歷史。如果你想在這個世上有一番作為，你選擇的盟友非常重要。請和最棒的人結交往來，對方要能彰顯你的能力，而且是做事盡心盡力、有生產力的人。盟友在精，不在多。

就個人交友及職場而言，數量少一些、程度深厚一些的人際關係總是比較好。你過得是否快樂、能達成多少人生成就，極大一部分是受到朋友的影響。

人際關係幫助我們定義我們是誰，可以成為怎樣的人。大部分人都可以將成就歸功於至關重要的人際關係。

——唐納・克里夫頓（Donald O. Clifton）與寶拉・尼爾森（Paula Nelson）1

有人說：「看一個人的人際關係，就知道他是怎樣的人，以及將有何作為。」的確，如果沒有與人建立關係，我們在這世上就算活著也無異於已死。大多數人的成功都源於中堅的人際關係，我們在這世上就算活著也無異於已死。

友誼，是生命的重心——這話聽來老套，卻是真理。本章談的是人際關係，包含個人與職場的人際關係。先談個人的人際關係：與朋友、情人，以及其他我們珍視的人的關係。

80／20法則與人際關係有何相干？大大有關。在質與量之間有一種交換關係，而我們老是沒有在最重要的人身上多花時間，所以，80／20法則對於人際關係有著以下震撼性的假設：

列一張二十大關係名單

寫出二十個人名,這二十個人是你的朋友和你重視的人,是你最重要的人際關係。把你跟這二十人的關係由最重要者開始往下排。所謂「重要」,指的是那份關係的深度和親密度,那份關係曾經給過你什麼程度的幫助,那份關係對於你認識自己和對自己的期許有著怎樣的意義。現在請你先列出這份名單,再往下讀。

我很好奇,你的情人或配偶位在這張表上的哪個位置?在你的父母之前或之後?在孩子之前或之後?請誠實(不過,也許你讀完這一章後,應該把這份名單撕掉,免得惹麻煩)。

接著,把總共一百分的分數,按照每個人的重要性給分。舉例來說,你名單上的第一個人非常重要,你覺得他的重要性相當於其他十九人加總起來,那麼他就是五十分。你也許要前後多看幾次,多算幾次,確定總數加起來是一百。

不知道你的表是什麼樣子?但如果它符合80／20法則的描述,你的名單應有兩個特徵:最前

面四份關係（占總數的四分之一），占去大部分的分數（可能是八十分）；而且每個人與排在後面的那個人之間，恆有某一種關係。例如，第二名是第一名分數的三分之二或一半；第三名是第二名的三分之二或一半，依此類推。而有意思的是，如果第一名的分數比第二名多一倍，依此排去，則第六名大約只有第一名的百分之三。

做這項練習時，你要一個一個名字回想，你與這人相處、談話或一起做某件事所花的時間有多少（不是把這人當主角的事不算，比如看電影或看電視都不算）。把你放在這二十人身上的所有時間算為一百分，然後分配給這二十人。正常情形下，你會發現，你在給予你百分之八十人際關係價值的人身上所花的時間，不到百分之八十。

這個練習的含義應該很容易領會：質比量來得重要。把你的時間和精力花在眼前最重要的人際關係上。

但有一件事要注意：在我們生命中重要的人，他出現的順序是有影響的，因為我們對親密關係的能力有其限度。此外，在質和量之間具有另一種交換，我們應該小心。這便是接下來要討論的重點。

村莊理論

人類學家主張，一個人所能建立的愉快及重要的人際關係，其數目有限。[2] 在任何社會裡，常見的模式是一個人會擁有兩位重要的童年時期朋友，兩位重要的成人朋友和兩位醫生；通常，有兩位性伴侶的地位遠超過其他性伴侶；普遍只談過一次戀愛；而在親人當中，只對一人特別有感情。不論地理位置、社會化程度或文化差異如何，所有人的重要人際關係數目是相似的。

上述觀察，形成人類學家所說的「村莊理論」（village theory）。在一個非洲村莊裡，所有的人際關係都發生在一個方圓幾百公尺的範圍之內，且都是在一段短時間中形成。對我們其他人而言，這些重要關係可能散布四處，在我們的一生中延續，在我們的腦中形成一個村莊。這腦中的位置一旦被占據了，就永遠不再空出來。

人類學家認為，如果你的經驗太多，或太早有這些經驗，就會把日後培養更深刻關係的能力提早用光。這理論也許可以解釋，從事某些職業或置身某類環境的人，如業務員、妓女或經常搬家的人，人際交往儘管頻繁，卻流於表面。

巴拉德（J. G. Ballard）提到加州一個進行心理復健的案例，對象是二十出頭、與罪犯交往的年輕女子。本復健計畫的主旨在於引導受輔導的女子進入新環境，由中產階級背景的義工和她們交朋友，邀請她們到家中。

這些女孩大都是年紀非常輕就結婚了，許多女孩在十三、四歲就生了第一個孩子。有些女子到了二十歲已結過三次婚。她們通常有過上百位男友，有時和男子發生親密關係或生了孩子，但男友後來被射殺或入獄。她們經歷了各種歷程：感情關係、為人母、與情人分手、失去至愛的傷慟，十幾歲就經歷人生的一切。

後來，這個計畫徹底失敗。因為那些女子根本無法與人交心，形成深刻的新人際關係。她們的能力已耗盡，人際關係的位置已填滿，再也騰不出空間了。謹向這樣的悲劇致意。它也符合80/20法則：一小部分的人際關係，等於大部分的情感價值。所以，把人填入關係位置時要謹慎，而且別太早！

職場關係和盟友

現在，話題轉向與工作有關的人際關係和盟友。在這個範圍，少數緊密聯盟的重要性再怎麼誇大也不為過。

人可以做出令人稱奇的事；但想有突出的個人表現，需要盟友的幫助。光靠自己不會成功；唯有別人能讓你成功。所以，你要選擇對你的目標最棒、最有用處的人際關係和盟友。你非常需要盟友。你必須好好對待盟友，將他們當成自己人，待他們如同對待自己。不要把

朋友及盟友看成差不多一樣重要。應該花力氣培養你與盟友的關係——你覺得這話是老生常談嗎？問問你自己，你有幾個朋友能做到這一點？然後問自己是否已經做到。

所有的精神領袖都有許多盟友。連他們都需要盟友，所以你也需要。舉例來說：耶穌靠著使徒約翰將祂介紹給大眾；接著是經由十二位門徒；然後是其他使徒，包括使徒保羅，他恐怕是史上最強的行銷天才。[3]

再也沒有什麼事比選擇盟友及建立關係更重要。少了盟友和關係，你什麼也做不成；有了他們，你可以改變生活，通常還改變了你身邊其他人的生活，甚至對歷史進程有所影響。

藉由一段歷史回顧，我們可以明白結盟的重要性。

個體結成有力的聯盟，推動了歷史

提出80／20法則的帕列托，可謂「中產階級的馬克思」——他宣稱，歷史其實是由成功的菁英塑造的。[4] 因此，活躍的個人或家庭，致力躋身菁英階層，或取代了菁英（若已是菁英，則繼續保持菁英身分）。

如果你也支持帕列托的說法或馬克思主義，接受他們的歷史階級觀，你便會說，菁英階層或有志成為菁英的人，彼此間的結盟是推動進步的力量。在這種情形下，個人當然只是階級的一分子。然而，與其他同階級的個人結盟的個體（也可能與另一階級的個人結盟），也同樣重要。

有結盟關係的個人，其重要性可從若干歷史轉捩點明顯看出。如果沒有列寧，還會出現一九一七年的俄國十月革命嗎？可能不會；當然其後七十二年的俄國歷史也就不是這個樣子。如果沒有葉爾辛（Boris Yeltsin），俄國一九八九年那場推翻十月革命的改革還會成功嗎？假如一九九一年葉爾辛沒有爬上一輛停在克里姆林宮外的坦克車，俄國共軍也許就封鎖住他們的政變了。

我們可以一遍遍玩上述這種「若沒有……，則……」的遊戲，以顯示個人對於締造歷史的重要性。如果沒有希特勒，就不會有大屠殺和第二次世界大戰。若沒有羅斯福和邱吉爾，希特勒或許會更早且更徹底統一歐洲。但有個關鍵點常常被忽略：這些個人若沒有其他人際關係和盟友的協助，也無法扭轉歷史。

不論是任何領域的成就，你都能看到，某些個人的成功，是靠著少數重要合作者的幫助，因而造成重大的影響。不論是政府組織、大眾意識形態的運動、商業界、醫藥界、科學界、慈善團體或運動界，都存在這種模式。歷史並非由階級或菁英所統治，依循預設的經濟或社會公式而運作；歷史是由少數願意盡心盡力的個人，與少數親密的合作夥伴組成有效的合作而改變。[5]

你需要一些關鍵盟友

如果你已小有成就，你應當已經明白盟友對你的成就有多重要，你也會看出80／20法則的作

用（除非你盲目地以自我為中心，而這註定會失敗）。重要盟友的數目其實很少。

保守一點來說，你的盟友提供的所有價值中，至少有百分之八十來自不到百分之二十的盟友。對任何一個有成就的人來說，若要列出盟友名單，想必是極長的一份。但是在這上百人或更多的盟友當中，各人給予你的價值極不平均。通常，其中五、六個會比其他重要很多。

盟友不在多，而在真正有用，而且你與各個重要盟友之間，以及盟友與盟友之間，都有真正的關係。他們能適時適地提供你所需的幫助，與你一起謀求共同利益。盟友必須信賴你，你也得信賴他們。

為你自己擬一份「二十大重要商業盟友」的名單，把這二十人拿來與手機聯絡人中能夠直呼其名的熟人概數比較（這些是你經常聯絡的對象）。盟友帶給你的價值，有百分之八十很可能來自這二十位的貢獻。如果不是，那麼這些（或其中一些）盟友就不是真正的好盟友。

成就盟友

如果你事業有成，就請列出截至今日給過你最大幫助的人。把他們依程度排列，並為他們評分，十個人加起來總分一百。

一般來說，過去給過你最大幫助的人，未來也可能會幫你。不過，有時候某些列於名單後段

的好朋友，由於升任某個重要職位，或是因投資大賺一筆，或是取得某種有意義的肯定，因而極有潛力成為你的重要盟友。所以，請你重新列一次名單，重新給分，總分也是一百，但這次要依這些人在將來能幫助你的能力來定順序。

別人會幫助你，是因為與你有關係。最好的關係建立在五種屬性上：彼此都喜歡對方的陪伴，互相尊重，分享經驗，有福同享和互相信賴。在成功的商業關係中，這些屬性密不可分，不過我們試著一項一項分別討論。

喜歡對方

這五項屬性中的第一項，喜歡對方，是最重要的一點。如果你不喜歡和對方說話，不管是在他的辦公室、餐廳、社交場合或電話中，那麼你就不會和他有深刻的關係。反之，他們也必須喜歡你的陪伴。

如果你覺得這個道理太平常、誰都懂——請想一想，你有沒有為了工作必須和某些人交際，但這些人當中你喜歡幾個？太多人在自己不喜歡的人身上花太多時間，這完全是浪費光陰！這樣很難受，很累人，代價很高，還會使得你沒時間做其他更好的事，對你毫無益處。所以，別再這麼做了！你應該多花時間在你樂意聯絡的人身上，如果他們對你有益，那更好。

互相尊重

有些人的陪伴我喜歡，但我並不看重他的專業表現；也有人的專業表現我很尊敬，但他們的陪伴不得我心。如果我無法尊重一個人的專業能力，我就不會和他進一步發展事業關係。

如果你希望某人在專業上幫助你，就必須讓他們對你印象深刻。有一次在某場董事會上，我和他都以編制外指導的身分列席。會上他說，他相信我有足夠的專業能力，但他其實沒有任何可資佐證的事實。他說了這話之後，我決定表現給大家看。我做到了。保羅立刻成為我重要的商業盟友。

分享經驗

前面提過村莊理論，說明人類在情感經驗上有一定的容納空間。同理，我們也有一定的空間來承載重要的專業經驗。互相分享經驗，特別是掙扎或痛苦的經驗，相當能拉近彼此的距離。我有一位朋友，既是工作盟友也是生活上的好友，他是我第一份工作時的合作對象，那時的他也是一個新人。我相信是因為我們都十分討厭那時在石油業的工作，才發展出深厚的關係。

這表示，如果你正身處一項艱難的工作中，請試著和一個你喜歡且尊敬的人發展盟友關係，讓這份關係變得既深厚且有結果。不這樣做，你就錯失良機了！

即使你現在沒有什麼痛苦的遭遇，也找個跟你有許多共同經驗的人，讓他成為主要盟友。

有福同享

對於工作盟友來說，雙方都必須為對方付出——經常付出，長久不變。在有福同享的關係當中，不能是單方面的付出，必須互有往還，並且要出於自然，而非經過算計。當你能幫助對方，就盡可能地付出，而且是符合高道德標準的付出。這需要時間及思考，別等到他人開口了，才伸出援手。

我在審視許多企業界的關係時赫然發現，真正互惠的關係很少見。即使具備友誼、尊敬、分享經驗及互相信賴等特質，大家常常忘了主動協助盟友。真是可惜，這是加強關係並為未來貯存助力的良機呀。

披頭四告訴我們：「到頭來，你所獲得的愛與你所付出的愛一樣多。」同樣地，到頭來，你在事業上得到的幫助，會跟你的付出一樣多。

互相信賴

信賴感讓關係更加緊密。若是缺乏信賴，關係會迅速變得淡薄。想要得到信賴，必須永遠誠實。一旦對方懷疑你言不由衷，即使你有你的原因或是為了維持禮貌，信賴感都可能消失。

如果你無法完全信賴某個人，就不要嘗試與他建立盟友關係。不能互相信賴的盟友，關係不會長久。

創業初期，小心建立盟友關係

有個很好的心得：你應該找到六、七個一流的企業盟友，包含下列組合：

- 一或二個比你年長的導師。
- 二或三個同儕。
- 一或二個以你為師的人。

與導師的關係

小心選擇這一、兩位導師。是你在選擇他們，別讓他們選擇你，因為你可能因此失去找到更佳導師的機會。你所選擇的導師應該具備以下兩項特質：

但如果你可以全心信賴對方，這會使得你們的商業關係更快建立，更有效率，並節省許多時間和開支。千萬不要因為你的猶豫、懦弱和狡猾而失掉信賴。

一、你必須能夠建立前述「五大屬性」的關係：喜歡對方、互相尊敬、分享經驗、有福同享和互相信賴。

二、導師應該比你年長很多。不是太老、但顯然會成功的人，更好。能幹又有企圖心的人，是最好的導師。

無可避免，導師給予弟子的教誨必然多過弟子的回饋，所以，若說弟子和導師的關係也是互惠的，似乎很奇怪。不過，導師必須獲得回報，否則他們會興致漸失。而弟子必須回報新的觀念、心智上的刺激、熱忱、勤勞、新技術的知識，或其他對導師有意義的東西。有智慧的導師，經常藉由和年紀較輕的弟子相處而跟上時代，或藉以瞭解是否有他們察覺不到的機會或威脅。

與同儕的關係

挑選同輩的盟友時，你的選擇可多了。在同輩裡面可能有許多潛力雄厚，足以成為盟友的人。但你只有兩、三個名額待補；請務必精挑細選。把具備「五大屬性」、可能成為盟友的人，列一份名單。從這名單中挑出兩、三個你認為會成功的人，然後努力讓他們成為你的盟友。

你是別人的導師

別小看這一點！如果這一、兩個弟子為你工作，最好是長期性的。那可能是你最大的收穫。

多方結盟

結盟關係經常形成網絡分布，關係裡的各個盟友，大都是互相牽連。這些網絡可以變得相當有威力，至少在別人眼中如此。他們通常很好玩。

但是別因此而樂昏頭，以為自己是主力結盟的一分子而自滿，因為可能只是其中一個小角色。別忘了，所有真正、寶貴的關係，都是雙向的。如果你和X與Y都有強固的關係，而他們彼此也是盟友的關係，這樣很好。列寧說，對一條鏈子來講，鏈上最弱的一環正好代表整條鏈子的強度。因此，不管X和Y的關係有多緊密，重要的還是你和X、和Y的關係。

結論

對個人交友及職場而言，數量少一點、但程度深厚一點的人際關係，好過廣泛而膚淺的關係。某一份關係總是比不上另一份關係。當你花了許多時間在某些人身上，結果卻令人失望，這

就是錯誤的人際關係，應盡早結束。糟糕的關係會讓你失去其他美好的關係。因為，你只有那麼些空缺，別讓鳩占去了鵲巢，太早被缺乏品質的關係占掉。精挑細選，然後維持下去。

14 懶人成功法
培養有創造力的懶惰

80／20法則精華

- 真正的明星懂得當個聰明的懶蟲。
- 如果你能夠懶惰一些、同時把工作做好，那表示你正在運用80／20法則──付出一小部分努力，創造絕佳的結果。
- 祕訣在於挑幾個適合的領域，讓你的一小部分聰明才智或判斷力好好發揮。
- 懶惰的人會選擇要付出努力的地方和作法。這意味他們會審慎思考，而非盲目行動。
- 羅素說：「有計畫地減少工作量，是通往幸福與繁榮的道路。」動動腦就能讓事情自己動起來、變得簡單。比起某個推崇且認定必須努力做事的人，懶蟲更有可能想出如何透過簡單的方法成功。

軍官只有四種。第一種又懶又笨。別管他們，他們沒有害處。第二種聰明又努力。他們替所有人製造額外的工作。最後一種是聰明的懶蟲。他們適合最高的職位。

——馮‧曼斯坦（Erich von Manstein）元帥，論德國軍官

文前引用了馮‧曼斯坦元帥的話，正好表達出本章的精義，指引你擁有成功的事業。如果馮‧曼斯坦元帥是管理顧問，他一定能藉著左頁那張圖賺大錢。

這張圖提出一項建議，教你如何處理別人。然而本章的立場稍微不一樣。而你怎麼處理自己呢？一般認為，聰不聰明和是否樂於工作，是人的性格中不變的特質。即使你自己或別人認為你是個笨蛋，你在某些事情上也能是聰明的。成為明星級員工的關鍵，在於激發自己這種「懶聰明」，加以善用。我們接下來會看到，懶聰明是可以栽培的。能不能多賺錢、少工作，關鍵在於找到適合的事，而且只做能增加高價值的事。

首先，我們依照80／20法則來看，對真正在工作的人而言，酬勞的分配是既不平均又不公平。對此我們可以抱怨，也可以好好運用下面這張圖。

秀的員工，審慎考慮每個細節。第三種，很笨，但是努力。這些是威脅，必須立刻解雇。他們替優

第三部　個人的80/20幸福法則　　280

	別管他	★★★ 明星 ★★★
懶惰的		
勤奮的	立刻解雇	優秀高級主管
	愚蠢的	聰明的

馮・曼斯坦矩陣圖

酬勞分配普遍失衡

在今日來說，80／20法則發揮得最顯著的地方，就是少數菁英人士不斷增加的高收入。

放眼生活的各個領域，頂尖人才享受著空前的優渥待遇，這種現象最能說明80／20法則。在今日的職場，一小群專業菁英享有高得離譜的肯定與名氣，同時也過度受寵。

這在當代生活的任何範疇均可見到，並且舉世皆然，包含：職業運動界的棒球、籃球、美式足球、高爾夫球、橄欖球、網球或其他流行運動；建築、雕刻、繪畫或其他視覺藝術；任何形式的音樂；電影和戲劇；出版業裡的小說、食譜或自

傳；甚至電視談話節目的主持人、新聞主播、政壇或其他可界定為專業範圍的領域，專業人士的名字總是可以立刻躍出。

一個國家有多少人？但在上述這些領域活躍的專業人士只占一小部分，通常不到全國人口的百分之五——數目如此之少，他們的名號卻廣為人知，占據了鎂光燈的焦點，成為超級明星。他們相當於有品牌的消費品，讓人一眼就認得。

不僅如此，流行程度與金錢的報酬，同樣集中在少數人身上。市面上賣出的小說中，超過百分之八十的銷售量集中於不到百分之二十的幾本。其他出版品，即使是商業類書籍亦然。在演藝界、電視圈、體育圈也是如此。高爾夫球和網球的比賽獎金，總獎金的百分之八十歸於不到百分之二十的職業選手；至於賽馬，百分之八十以上的獎金，落在不到百分之二十的馬主人、騎師和訓練人員身上。

整個世界逐漸市場化。位居專業頂尖位置者，占去龐大的酬金，而不若他們優秀或名氣較小的人，賺的錢可就少多了。

位居頂尖且眾人皆識，大大不同於距離頂尖處不遠，但只是在同好圈中為人所知。最有名的籃球、棒球或足球明星日進斗金；稍居其次的選手，日子只不過還算舒服。

為什麼贏家通吃

頂尖人物的所得比一般人高很多，其比例非常符合80／20法則（大多數的情況是90／10或95／5）。很多作者從經濟學或社會學的角度來解釋，何以頂尖人物享有超高酬勞。[1]

其中最有說服力的說法是，有兩種情況造成了這種現象。其一，拜現代傳播科技之賜，超級明星和頂尖人物可以同時出現在許多人眼前。因為就整個成本結構來說，多方傳播、多拍一支影片或者多印一本書，花費實在微不足道。所以，多讓一名消費者接觸到Ｊ・Ｋ・羅琳、史蒂芬・史匹柏、歐普拉・溫芙蕾、瑪丹娜、巨石強森、紅髮愛德、泰勒絲、Ｃ羅，幾乎不必多花一毛配銷費用。

其實，讓大眾接觸到頂尖人物，和讓大家接觸到次級替代人物的花費差不多，但是請到頂尖人物可要付出高額的代價，可能以千百萬元計。而每個消費者的邊際成本確實很低，通常平攤下來只有幾美分或幾分之一美分。那為何還要找頂尖人物呢？

這就牽涉到第二個原因：次級人物無法取代頂尖人物的才華和表現。而我們要最好的。如果清潔工人甲的工作速度只有工人乙的一半，則人家一定只肯出行情價的一半好，誰要找他？因為非頂尖人物所吸引的觀眾少，就算你不花錢請來非頂尖人物，成本稍稍降低，其經濟價值勢必比頂尖人物遜色許多。

有老虎伍茲、席琳・狄翁，或安德烈・波伽利的一半好，

贏家通吃是今日常態

不過，有趣的是，這種在頂尖人物與其他人之間獲利的懸殊情況，過去並不存在。例如，四〇、五〇年代的籃球或足球高手並沒有賺太多錢；過去，優秀的政治人物去世時，大環境仍屬清寒。愈往過去看，所謂贏家通吃的現象愈不存在。

譬如，十七世紀時的莎士比亞，較諸同時代的人士，確實才華出眾。達文西亦然。照理說——或照今日的標準來看，他們應該能夠善用才華、創造力和名氣來致富。可是他們獲得的待遇，只不過相當於今日的一般專業工作者。

有才能的人獲得好待遇，這種現象隨著時間愈來愈明顯。時至今日，個人的收入，與他的能力和市場接受他的程度有著更密切的關係。因此，用數字來說明事實的80/20關係，在此可以很清楚看見。比起一百年前或上一代，我們現在的社會更算是由菁英階層領導的社會，這在歐洲最明顯，英國和美國尤然。

在一九四〇、五〇年代，像博比‧摩爾（Bobby Moore）這樣的頂尖足球員如果發了財，那可是會惹得英國人群情激憤；這種事在當時本不合時宜。到了六〇年代，英國報紙社論揭露了披頭四是百萬富翁的事實，同樣引起震驚。之後，瑪丹娜、J‧K‧羅琳、歐普拉的身價上億，再也沒有人覺得驚訝或憤慨。今天，我們不在乎身分階級，而是更看重市場和名氣。

另外，還有一個新的因素造成影響，便是前面提到的傳播、電子通訊和消費產品，尤其網際

成就恆遵循80／20法則

現在不談錢，而是看看比較長久和重要的議題。我們發現，不管在什麼行業，成就和名望總是集中在極少數的人身上。使莎士比亞和達文西無法變成富翁的原因，是階級和傳播方式的限制，這是今日的我們難以想像的。然而，儘管他們不是富翁，卻一點也不減損他們的成就；為數極少的創作者，就算沒有賺大錢，依然對後世影響深遠。

也適用於非媒體的專業人才

儘管媒體超級巨星最吸引人注目也最被誇大，但80／20的待遇法則不僅存在於娛樂界。事實上，有名氣的人只占百萬富翁人數的百分之三。約一千萬美國人中的大多數，淨資產在一百萬至兩千萬美元之間，他們都是高階主管、華爾街金融分子、頂級律師和醫生等專業人士。往上來

看，擁有兩千萬至一億美元的兩百萬美國人當中，身分為企業家的人數是次一級的百萬富翁這類別的兩倍之多。當擁有的淨資產來到一億美元至十億美元，富豪人數少了許多，只有數千人，然而企業家和資金管理者占了絕大多數。這在億萬富翁的類別中亦是如此。

關於才能，總是出現80／20的模式，而科技帶來的影響，把曲線變為接近90／10或95／5。

過去，酬勞分配也許是70／30，但對最有名氣的人而言，他們的酬勞曲線一定接近95／5，甚至呈現更不平衡的曲線。

順著80／20、甚至99／1曲線偏斜的財富分配模式，似乎已經成為一種殘酷無情且令人害怕的趨勢。

這十條金科玉律可讓你事業有成：

一、在一項小範圍的事上追求專精；培養一種核心技能。
二、你所找的這件事是你喜歡，而且能脫穎而出，有機會成為佼佼者。
三、明白「知識即力量」的道理。
四、知道自己的市場和主顧客何在，並全心服務他們。
五、找出什麼是能給你八十分好處的二十分事物。
六、向最優秀的人事物學習。

七、及早自立創業。

八、盡可能多雇用能生產真正價值的人。

九、除了你的主力技能自己做之外，其他的事全部外包。

十、以槓桿原理運用資金。

你的企圖心愈強，這些原則就愈有價值，不過，事實上它們適用於任何層級的事業和企圖心。以下我們將逐一說明，請你帶著80／20思考法，重新修訂你的事業。回想第281頁的馮·曼斯坦矩陣圖，找出能讓你又聰明又省力，而且好處多多的位置。

一、在一項小範圍的事上追求專精

趨向專業化，是全世界的生活通則；而在生物界，每個物種尋找新的生態位置並發展新特徵，是生命本身的演化方式。沒有專業能力的小公司將無法生存；沒有專業能力的個人，註定一輩子拿死薪水。

在自然界，究竟總共有多少物種無人確知，但想必是個大數目。而在商業世界，有利位置的數目也遠大於一般人的瞭解；因此許多看來是在廣大市場中競爭的小公司，實際上在自己的有利位置上都可以領先，避開直接競爭。[2]

個人也一樣，與其在許多事物上都只有淺薄認識，不如充分瞭解一些事，而最好專攻一件事。專業化正是80／20法則的固有含義。為什麼二十分的投入可以得到八十分的產出？因為具生產力的五分之一，比其他生產力低的五分之四更適合該任務。

凡是80／20法則成立的地方，就見得到（在生產力低的五分之四）資源的浪費，並且需要進一步專業化。如果這生產力低的百分之八十，能轉往它們可以發揮的範圍求取專業化，就可能在新範圍變成有生產力的百分之二十。這種改變，能在較高層次產生另一種80／20關係。

這個過程就是十九世紀德國哲學家黑格爾所說的「辯證」，[3] 這過程可以不斷持續，成為帶動進步的引擎。我們可以從許多跡象看出，在大自然與人類社會中，長久以來都有這種現象。愈來愈專業化的發展，造就出水準愈來愈高的生活。

電腦是從電子業的專業化演變而來；而後，進一步的專業化帶來個人電腦；而個人電腦的軟體愈來愈好用，也是專業化的結果；更高階的專業化則產出雲端技術。至於帶來食品業革新的生物科技，也是如此演變而來。每一項新的進步都促進下一步的專業化。

所以，你的事業也要以類似的方式演進，而知識是其中關鍵。在過去的職場中，有一項最顯著的趨勢：技術人員的力量與地位持續提升。以前是藍領階級的工人，藉著更專業化的資訊科技與專業知識結合，變得更有力量。[4] 現在，像這樣的專家所領的酬勞，比粗通技術的經理人更高，也比他們重要；經理人的貢獻只不過是把專業人才組織起來罷了。[5]

就最基本的層面來看，想達到專業化需要一定的條件，由百分之二十的工作人口掌握；真正的因素在於是否擁有資訊。在高度開發的社會中，是否擁有土地或是不是有錢，不再是區分階級的最重要因素；真正的因素在於是否擁有資訊。百分之八十的資訊，屬於百分之二十的人。

美國經濟學者羅伯‧瑞奇（Robert Reich）將美國的工作力分為四種族群。最高族群是「符號分析師」，包括財務分析師、顧問、建築師、律師、醫生和新聞記者，他們處理的是數目、想法、問題和文字。這群人的智力和知識，是力量和影響力的來源。瑞奇稱這一族群為「幸運的五分之一」。用我的字眼詮釋就是百分之二十——他們掌握了百分之八十的資訊和百分之八十的財富。

在最近受過學院訓練的人都知道，知識的分科愈來愈細。從某個角度看來，這令人憂慮，因為這表示在知識界或甚至整個社會中，沒有誰能夠統合不同範圍的知識進展，並告訴我們這些知識的意義。但從另一個角度來說，知識分科代表知識需要專業化。

因此，對於個人來說，儘管時勢所趨，酬勞集中在頂尖人物身上，但知識的分科專門化讓事情大有可為。你也許不會是下一個愛因斯坦或比爾‧蓋茲，但少說你眼前也有數十萬個有利位置可供選擇，讓你成為專業人士，甚至可以發明自己的位置。

找出你的有利位置，可能很花時間，但它是唯一能使你獲得高酬勞的方法。

二、你所找的專業是你喜歡且能脫穎而出

專業化需要審慎思考。你選擇的區域愈狹窄，愈需要精挑細選。你應該在本來就感興趣且喜歡的領域追求專精。如果你對某件事沒有熱情，就不可能在這事上領先群倫。

對某事懷有熱情，你以為很難嗎？不是你想的那樣。誰都會對某件事感到興奮，如果沒有任何一件有感覺的事，雖生猶死。況且近年來，幾乎所有的嗜好、熱忱或職業，都可以變成商業活動。光是網紅和產品意見領袖成為收入可觀的一門行業，就能證明這一點。

你還可以從另一個角度來思考。凡是已到達顛峰的人，都是對自己所做的事情懷抱熱情。熱情使人產生成就，也會感染他人，讓所做的事效果加倍。

熱情是裝不出來的。如果你不熱中目前事業，但你對成功懷有企圖心，就該停下手中的事業。但是在停止之前，先找出一項更適合你的事業。寫下所有你熱愛的事，判斷哪件可以成為一項有利的事業，然後選擇你最有熱情的事去做。

三、不為工作犧牲生活

二〇二〇年底，讀者亞歷山大・溫德里希（Alexander Wonderlich）提供我兩則有趣的相反例子。他說：「我在山姆・沃爾頓（Sam Walton）的自傳最後，讀到沃爾頓在臨終前，還要當地的沃

爾瑪超市經理到醫院向他報告營業數據，我覺得沃爾頓的生活方式是80／20法則的反例。巴菲特則是讓我們看見，不必太努力工作也能富甲一方。」

身為羅馬天主教徒的溫德里希還說，我提倡師法聰明的懶惰蟲，讓他很有共鳴。他也分享了一位值得效法的守護聖人——歌手克勞斯貝（Bing Crosby）。克勞斯貝酷愛打高爾夫球，經紀人經常為了配合他的這項嗜好，改行程改到抓狂。他對高爾夫球的酷愛程度，連太太都說他根本是「會唱歌的高爾夫球員」。

但克勞斯貝懶得很聰明。他為了能多打一點高爾夫球，想出可以仿效電影製作的技巧，事先預錄，省去錄製現場節目的規畫和協調工作。克勞斯貝的計策後來成為廣播界的標準作法。這就是我和葛雷格‧洛克伍德（Greg Lockwood）所說的「好的交換」；有時候，你可以把得失變成雙贏。在這個例子裡，克勞斯貝因為想要省力，於是善用頭腦，讓自己不必在宣傳和打高爾夫球之間取捨。

我認為人一定要喜歡自己的工作。**絕對不要因為工作，讓生活變得痛苦無趣。找一份能讓你樂在其中的差事**。動動腦筋，你就找得到。

四、明白「知識即力量」的道理

能不能以熱情闖蕩出一番事業，關鍵在於知識。你應該比別人瞭解某個領域的知識，然後想

辦法推出它，創造一片市場與一群主顧客。

擁有關於一些事物的知識是不夠的，你至少必須在某件事知道得比別人多。努力加強自己的專業知識，不要停，直到你比同業知道得更多，做得比別人好。然後，藉由經常練習和不歇的好奇心，強化你的專業領導地位。如果你不能比別人知道得更多，就別想領先。

行銷是有創造力的過程，你必須為自己找出方法。也許可以採用相關行業中別人的成功行銷經驗；倘若沒有可資借鏡的例子，請遵循以下的指引。

五、知道自己的市場和主顧客何在，並全心服務他們

願意付錢買你知識的人，就是你的市場。最看重你服務的人，就是主顧客。

市場是你表現的地方。所以，你要決定該如何銷售你的知識。你是要以員工身分為一家有規模的公司或個人工作，或是以自由工作者的身分，為一些企業或個人工作？或是創立公司，向別人銷售服務（你自己的和他人的服務）？

你是要提供原始的知識，再根據情況運用知識，或是要用知識創造產品？你要發明新產品，在現有的半成品上增加價值，或是當零售商銷售成品？

你的主顧客可能是個人或公司，他們能讓你所做的事獲得最高價值，因而帶來待遇不錯的工作。不論你是雇員、半獨立、小老闆、大老闆，甚至一國元首，主顧客都是讓你維持成功的主

六、找出什麼是能給你八十分好處的二十分事物

如果你花了很多力氣卻只得到一點點成果，工作起來必定是無趣的。如果你一星期要工作六、七十小時，才勉強完成事情，或是你老覺得趕不上進度，那麼你不是選錯了工作，就是方法完全錯誤。

你應該時時提醒自己，記住80／20法則的一些觀察。在任何領域中，八成的人只得到兩成的收穫，而有兩成的人輕鬆就獲得八成的酬勞。這多數人是哪裡做錯了？誰是那少數？他們能做的，你能嗎？你能以更精簡的方式完成嗎？你能發現更聰明且更有效率的執行方法嗎？

你與「顧客」之間關係好嗎？你在這個公司工作，適合嗎？現在待的部門適合你嗎？工作內容適合你嗎？你如何以少少的努力，讓顧客對你印象深刻？你喜不喜歡自己的工作？對它有熱情嗎？

如果你上述問題的答案都是否定的，今天就考慮換一個工作吧。

如果你喜歡自己的工作，喜歡你的顧客，卻沒有一帆風順，你很可能是使錯力了。你只需要

花兩分時間就能得到八分結果的那兩分時間是什麼？什麼讓你耗費八成的時間卻無甚成就？少做一些吧！就這麼簡單，不過，執行這項改變逼你打破所有的習慣與陳規。

在每一個市場，對每一位顧客，在所有的公司和職業中，你都有辦法找到一種方式，把事情做得更有效率且更有效果，不只是好一點點，而是跨前一大步。仔細觀察你自己的工作或產業，找一找80／20法則。

在我過去工作的「管理顧問」這一行，80／20法則很明確：大客戶，好；大任務，好；與客戶關係密切（個人之間的關係），好。不過，和客戶的總裁保持關係，很好；和顧客保持長久的關係，很好。與大企業裡的層峰人士保持長期而密切的關係，並願意聘用新進顧問──哈哈，你可以一路笑著上銀行了！

在這一行裡的80／20法則是什麼？企業從何處得到超高獲利，甚至是高得令人嫉妒的利潤？哪一個同事待遇好卻總是很輕鬆，還有時間沉浸於愛好的事物？他們正在做什麼可愛的事？想！快想！快想想！答案就在某處，快去找。但別問業界有成的公司，別問同事，更別在書中尋求解答，因為這樣你只會得到一用再用的老套方法。你要向業界怪傑學習。

七、向最優秀的人事物學習

在任何領域裡成功的人，當然都有一套花二十分力、得八十分成果的方法。這不表示這些贏

家懶惰或不肯盡心；他們一般都是非常努力工作，而他們投注的心力和其他人一樣多，收穫卻比別人高數倍。這些贏家做事在質與量上的成果，把競爭者打得落花流水。

換句話說，贏家做事多半有一套自己的規則，他們通常用不同的方式思考和感覺。凡是在某領域出類拔萃的人，其所思所為都不同於該領域的一般人。這些贏家或許不覺得自己做的事有別於他人，甚至很少想這個問題，也不談論。但就算贏家不說出他們成功的祕訣，經由觀察還是可以推論得知。

從前的人非常明白這一點。例如，弟子待在師父跟前，學徒向工匠學手藝，學生藉著協助教授做研究而學習，新進藝術家花時間和有成就的藝術家相處——都是藉由協助與模仿，從而觀察佼佼者的做事方式。

你願意出高價為傑出人士工作，編各種藉口和他們共處，觀察他們做事方法的特色。你會發現，他們看事情的方式不一樣，管理時間的方式不一樣，與別人互動的方式也不一樣。如果他們做的你也做到了，甚至能做到同業通常不做的事，你才可能爬到頂尖。

有時候，不只是為最傑出的人工作而已。在頂尖的公司裡，他們的公司文化就是主要的竅門——觀察他們的文化有何特殊之處，那就是關鍵。恐怕你得先在一般公司工作，然後進入一家頂尖的公司，觀察兩者的差異。譬如，我曾在殼牌石油公司工作，寫了許多備忘錄。然後我到瑪氏（Mars）食品集團工作，學會與人當面溝通，並且得到我想要的東西——這便是80／20法則：二十

分的努力帶來八十分的成果。贏家歸納出許多80／20法則。

觀察，學習，練習。

八、及早自立創業

調整你的時間，好讓你專注在能帶來比其他事多五倍價值的事物上；接下來，確定那賺得的價值能為你所有。在人生中，你應該盡早做到讓自己的工作價值全部歸自己擁有。

馬克思的「剩餘價值理論」指出：資本家雇用工人，工人生產所有的價值，而多出的價值被資本家據為己有。粗略地說，利潤是從工人那裡偷來的剩餘價值。

我認為「剩餘價值理論」胡說八道，但若反過來思考倒是能成立：表現只達一般水準的一般員工，也許反而利用了公司，而不是被公司剝削。多數企業雇了太多經理人，而這些員工生產的一般是負價值。然而，運用80／20法則工作的員工，效率通常比平均水準高出數倍，所獲得的酬勞卻不可能數倍於同儕。自立門戶，往往對自己更有好處。

當你是自己的老闆，你做的就是你賺的。

但假使你正處於快速學習的階段，便不適合自立門戶。如果你對公司的付出和你的酬勞之間不成比例，但公司教給你的東西很多，那麼價值遠高於酬勞不及之處。這情形在事業開展的頭兩、三年最為常見。此外，經驗較豐富的專才加入一家新公司，而新公司比先前的公司要求更

高,這時,通常只有幾個月的時間會快速學習,不超過一年。當學習時期結束後,就自立門戶吧。別太擔心有沒有保障的問題,你的專業知識與80／20法則就是你的保障——待在一家公司,也不能給你保障。

九、盡可能多雇用能生產真正價值的人

如果說第一階段是善用時間,第二階段是確實獲得自己創造的價值,那麼第三階段就是善用別人的力量。

你只有一個人,但你能雇用很多人,其中又只有少數人能創造大於雇用成本數倍的價值。最佳的槓桿作用是別人。就此而言,你不該運用非受雇人員如盟友的力量,但你能從你雇用的人身上得到最直接且完全的作用。

我用一個簡單的數字比喻來說明,希望有助於解釋為何雇用他人能獲得高價值。假設,藉由80／20法則,你的效率五倍於一般同業;又假定,你自立門戶且得到所有的價值。因此,你的成果最佳情況是平均的百分之五百,比一般情形多四百個單位的「剩餘」。

但是,假設你能找到另外十名專才,每個人都能立即(或在受訓後)達到三倍於平均的產出。他們能力不如你優秀,但仍能創造出遠高於雇用成本的價值。再假設,你為了吸引或留住這些人才,用超出行情百分之五十的薪水雇用他們,那麼他們的個別產值是三百單位,而成本是一

百五十單位，你從每個員工獲得的「利潤」或「剩餘」是一百五十個單位。雇用十個人，你除了獲得自己創造的四百單位之外，還增加了一千五百個單位。所以你的總利潤是一千九百個單位，幾乎五倍於你雇用幫手之前的收入。

當然，你不是只能雇用十名員工而已。雇多少員工，要看你能找到可增加剩餘價值的員工，以及你們有沒有本事吸引顧客。通常，只要找到可增加剩餘價值的員工，就不怕吸引不了顧客，因為能夠創造超值的專業人員，就能找到市場。

很明顯，你應該只雇用能創造正向淨值的人，亦即價值遠超過雇用成本的人——但這並不是指你只能雇用最好的人才。最大的剩餘價值來自盡可能雇用能創造超值的人，兩倍或五倍都行。最高的絕對剩餘價值，也許和一個相當不平均的能力分布是共存的——你只要確定這些人當中，表現最不好的，也具備比雇用他在你的工作人力當中，仍可能出現 80／20 或 70／30 的效益配比。的成本還要高的產值。

十、除了主力技能自己做之外，其他的事全部外包

80／20 法則是一項關於選擇性的法則。藉由專注於你最擅長的五分之一，你能達到最大的效能。這項原則非僅適用於個人，也適用於公司。最成功的專業公司或企業，只留下自己的主力技能自己做，其他的事全部外包。如果精於行

銷，那麼就不製造；如果長於研發，那麼不但找別人製造產品，也把行銷與銷售發出去做；如果擅長大量生產標準化的商品，就不製造特殊規格或市場頂層的商品；如果是高邊際利潤的特殊商品最強，就不進入大眾市場。

善用力量的第四個階段，是盡量利用外包，讓你的公司盡可能簡化，全力貫注在強過對手數倍的領域。

十一、以槓桿原理運用資金

前面我們主張善用力量，然而，有效利用資本也可獲益。

所謂以槓桿原理善用資本，是用金錢來獲取剩餘價值。在最基本的層面上，這是指若機器比人有效益，便購買機器以取代人力。今日此法最有意思的方式之一，是用金錢「大量生產」已在特定環境中成功的點子──事實上，這是以資金複製存在於某些特定公式的固有訣竅，例子包括電腦軟體的行銷、速食店如麥當勞，以及清涼飲料的全球行銷。

摘要

酬勞的分配逐漸顯示出80／20法則：贏家通吃。真正有企圖心的人，必須訂立目標，努力成

為自己領域的佼佼者。

在小範圍內選擇專攻的領域。追求專精。選擇適合你的有利位置。若你不喜歡自己正在做的事，就無法勝過他人。

想要成功，你需要知識，也需要能洞悉如何以最少資源帶給顧客最大滿足的見解。辨認出何者屬於可帶來八成報酬的兩成資源。

在事業初期，要盡量把眼前可學習的全部學起來——這唯有進入一家頂級公司，為最棒的人工作才學得到。所謂「頂級」，乃以你選擇的領域而定。

取得四種力量：首先，善用自己的時間；其次，自己經營，獲得百分之百的價值；第三，盡量雇用能帶來真正價值的員工；第四，把你們無法做到事半功倍的事務外包。

如果這些你都做到了，你的事業已可發展成一家公司。接著，請善用資本，增加財富。

15 投資十誡
以錢滾錢非難事

80／20法則精華

大多數的財富來自投資，而非收入。投資所獲的報酬往往非常不平衡。大部分的投資只能產生平均值以下的報酬。許多投資讓人賠錢，只有少數能帶給你高額獲利。想要口袋滿滿，就要遵守投資十誡：

一、投資要符合自己的個性。
二、隨機應變，不要分散。
三、投資股市。
四、做長期投資。
五、在股市低迷時，做最多投資。

六、掌握不住股市時，追蹤它。

七、投資你專精的領域。

八、把不賺錢的投資剔除。

九、賺得的錢要經營。

十、參與創業投資。

這一章將會說明如何做到投資十誡。

凡有的，還要加給他，叫他有餘；沒有的，連他所有的也要奪過來。

——《馬太福音》第二十五章第二十九節

這章寫給手上有些錢、想知道如何運用的人。你可以選擇要不要閱讀。

如果未來就像過去，那麼增值金錢相當容易。只要你把錢放到正確的地方，然後不管它，它就會自己生錢。

金錢也走80／20模式

當帕列托在研究收入與財富的分配時，發現了一種分配現象，我們今日稱之為80／20法則——這絕非單純的巧合。帕列托發現，金錢的分配方式是可預期的高度不平衡。金錢似乎不喜歡被平均分配：

- 所得如果沒有因為累進稅制而重新分配，它的分配似乎是不平衡的，少數人獲得最多的累計收入。
- 即使有累進稅制，財富的分配往往更符合此模式。想使大家的財富均等，比讓人人收入均等更難。
- 這是因為大多數財富來自投資而非收入，而投資所獲的報酬往往比收入更不平均。
- 由於採複利計算，投資更能創造高額財富。比如，持有的股份每年平均增加百分之十二‧五，這表示若你在一九五○年投資一百英鎊，今天價值將高達約三十八萬四千英鎊（二○二一年）。一般說來，除非通貨膨脹太嚴重或太低，否則真正的投資都能獲得不錯的回報。
- 各項投資的複利報酬差別很大，有些投資比其他好很多。這足以解釋何以財富的分配如此不均。年利率不同，會造成極大差別。假設年利率分別是百分之五、十、二十、四十，則

80/20 賺錢之道

本金一千英鎊在十年後分別累積為一六二九、二五九三、六一九一與二八九二五英鎊。百分之五與百分之四十差了八倍，而複利率帶來十八倍的差別，意思是存得愈久，其結果愈不成比例。

奇怪的是，某些投資與某些投資策略，總是可預期地比其他方式高很多。

- 從投資獲得的利潤，遠比你的薪水收入更能讓你致富。所以，你應該盡早累積足夠的資金。想累積一些本金以進入股票市場，通常需要努力工作，並且少花錢；一段時間之後，你的收入一定會高於支出。

但有時候，上述規則並不成立，那是當你：一、從遺產中分得或收受饋贈一筆錢；二、因買獎券或其他形式的賭博得到一筆意外之財；三、與有錢人家締結婚約；是無從預測的事：買獎券或因賭博得到一筆錢，是無從預測的事；買獎券或因賭博得到一筆意外之財，也比較不可能，所以根本不要考慮；因犯罪致富絕不可行；所以只有和富裕人士成婚有可能發生，但誰也不敢說。

- 因為投資的複利效果，所以你若沒有及早開始投資，就得長壽些；或者早早開始投資，又活久一點。盡早開始投資，是比較容易控制的策略。
- 根據過去有效的方式，盡早發展一套穩定又長期的投資策略。

然而，我們如何用二成的錢做投資，而獲得八成收益？

請遵照我的投資十誡：

一、投資要符合自己的個性

個人投資的成功關鍵，是必須在一大堆曾經成功的投資技術當中，找到能配合自己個性的技術。大部分投資人受挫，不是因為他們所用的技術有問題，而是因為該方法不適合他們。

二、隨機應變，不要分散

自己決定投資方向。顧問和財務管理人員的危險不在於他們拿走一大筆利潤，而在於他們太可能向你建議一個不平衡的投資組合。人們說，藉由分散投資可以將風險減到最低，所以將資金分散在債券、股票、現金、不動產、黃金和收藏品。但大家太過強調降低風險了。如果你想致富，改變未來的生活方式，就需要高額的獲利。如果你採取不平衡的投資組合，那麼致富的機會

比較大。

這表示,你應該限制投資的項目:比如確定會有高獲利的地方,而且通常只使用一種投資工具……

三、主要投資在股市

股票市場(或創業投資)可說是最佳的投資工具——當然,假如你剛好鑽研某個冷僻市場,如十九世紀中國絲綢或玩具兵,成為此中的投資專家,便不在此列。

長期以來,投資股票所得的回饋,比起把錢存在銀行或是購買公司或政府債券,獲利更是高得嚇人。

安妮‧舍伯(Anne Scheiber)是美國一位私人投資者,她對股市一點專業知識也沒有,第二次世界大戰後,她將五千美元投入藍籌股。那些股票就這麼放著,直到一九九五年,五千美元變成二千二百萬美元:比原始投入的資金漲了四千四百倍!

對於不是專家的人而言,股票是一種相當容易的投資工具。

四、做長期投資

不要在同一支股票上進進出出,也不要將你的投資組合視為整體而常做買賣。若不是明顯的

失敗投資，最好長期持有已買下的股票。買賣股票既花錢又耗時，如果可能，請用十年的心情，甚至二十、三十或五十年的時間來投資。如果你做的是短線，就不是投資而是在賭博了。如果禁不住誘惑，想把股票換成金錢拿來花一花，這就不再是投資。

當然，在某個階段，你也許想要享受收益，省得讓你的繼承人日後坐享其成。使用財富的最好方法，通常是創造一種新的生活方式，讓你自由運用時間，追求自己喜歡的事業或活動。這時，投資期就結束了。但若你現在還沒有足夠的金錢促成這樣的轉變，就請繼續累積財富吧。

五、在股市低迷時，做最多投資

雖說股票的價值隨著時間而累積，但股票市場是循環發展的，這方面是因為受到經濟活動循環的影響，不過主要還是受情緒的帶動——聽來驚人，但人類受到流行、動物本能、希望和恐懼等心情的牽動，導致不理性的情緒，造成股票的價格或漲或跌。帕列托觀察到這個現象：

在倫理、宗教和政治活動中，可見到一種類似商業活動循環的節奏。

在行情趨漲時，所有宣揚某一企業將獲利的論點都會被接受，然而，同樣的論點在價格下跌時期必定受到排斥。一個人若是在下跌期間不願承擔股票買賣的風險，總相信自己是出於理性的考慮，但他不知道，自己在無意識間，早已接受種種的日常經濟消息而變得卻步。一旦股票上

漲，他也許會買下過去曾經猶豫的股票，或是不見得更有成功機會的股票，仍然認為自己是理性的，也依然不會意識到自己從不相信變為相信，乃因周圍環境的作用。

股票市場裡的人都知道，大部分的人只在股票上漲時才買，股票下跌就賣。資本家因為練習的次數較多，會理性一些，儘管有時他們也會隨著心情做決定，但這是他們主要的獲利來源。在經濟繁榮時期，任何一個說這段上揚時期會持續下去的平庸理論，都具有很大的說服力；如果你說，價格不可能無限上漲，一定不會有人聽。[1]

整個價值投資的理念已漸漸變為如此：逢低買進，逢高賣出。成功的投資人班傑明・葛拉漢（Benjamin Graham）寫了一本有關價值投資的寶典，而他提出的規則屢獲驗證，[2] 其中許多規則可作為你的指引。雖然經過大幅簡化，但無不彰顯百分之八十的價值存在於百分之二十的空間，可將之濃縮為以下三條規則：

一、當所有人深信股票會漲，都在買進時，暫且觀望。相反地，當別人都對股市悲觀時，你可以考慮逢低買進。

二、在衡量股價究竟是過高或是便宜時，只用本益比（P/E ratio）作為判斷基準。用股價除以稅後所得，這個數字就是該股票的本益比值。假設某檔股票一股二十五元，而每股稅後

所得是兩塊五毛錢,則該股的本益比是十;而在樂觀時期,股價上揚至五十元,但每股稅後所得仍為兩塊五毛,則這時的本益比變成二十。

三、一般說來,當一個股市的平均本益比超過十七時,是個危險訊號,這時不要投資太多。若本益比值低於十二,可以進場;低於十時則絕對要買。你可以問你的股票經紀人,或讀一份好的財經報紙,以瞭解目前市場的平均本益比。如果有人問你,你說的本益比是哪一個,你就擺出有學問的樣子告訴他:「笨蛋,就是那個歷史本益比嘛。」[4]

二〇二一年撰寫此文時,世界各地(尤其是美國)的股市本益比高得不像話。主要原因在於,政府採取的「量化寬鬆措施」把利率貶抑到趨近於零的程度,例如歐元區甚至來到了負利率。這是現代史上頭一遭,把錢放在銀行毫無報酬可言。而股票仍有百分之二到四的投資報酬率,因此有大量熱錢湧入股市,推高價格。親愛的朋友,請不要被欺騙了。帕列托一八九七年就寫了,不可能永遠如此。審判終將來臨,我們不會知道時間,也沒有理由可言。那時就可怕了,請千萬小心。

六、掌握不住股市時,追蹤它

你可以遵循某些教訓,發展出一套合乎自己個性和技術的投資方法。以下將討論這些可能的

方法。不過，選擇自己的投資，將可能使你的表現遜於股票市場的指標——假如你要選擇自己的投資方式，或是你不想用自己的方式做實驗，就應該「追蹤指數」（index tracking）。[5]

追蹤指數也稱為追蹤市場，意思是依照股票市場的指數，來購買股價落在指數之內的股票。唯有股票掉在指數之外時（這就是表現不佳的股票），你才賣掉；而新的股票首次進入這項指數時，才買進。

若你花點力氣閱讀財經報紙，便可以自己追蹤這項指數。你也可以將錢放在追蹤基金（tracker fund），由基金經理人幫你操作，只要花一點點年費就行。在基金這方面，你可以依照你選的市場購買基金。一般而言，最保險的作法是在自己國家的市場裡，找一家追蹤最大績優股（通稱「藍籌股」）的基金。

追蹤指數的風險相當低，然而一段時間後的收益很不錯。如果你決定循此途徑，就不需要研究接下來的四道投資誡命。

至於自己做選擇，這的確風險較高，但比較好玩，所得的報酬更值得。下面四條投資誡命正是要討論這部分。不過請記住，本條規則所說的是「掌握不住股市時，追蹤它」。如果你自己的方式行不通，務必盡快減少損失，追蹤指數。

七、投資你專精的領域

80／20法則的精義，在於熟知一小部分的事物——這就是追求專精。而這用在投資上特別行得通。如果你決定自己買股票，就要專攻一個熟悉的領域。

達到專精後，最大的好處是它會帶來無窮的可能性。例如，你可以鑽研你工作的那個產業，或是你所愛事物的產業，或任何感興趣的領域。若你喜歡購物，也許可以專攻零售業股，當你注意到新的連鎖店興起，每家新店似乎都充滿買氣，也許可以投資這家連鎖店。

即使你一開始不是某方面的專家，你可以稍微投資一些個股，也許是某個特別的產業，然後盡可能學習這個領域的知識。

八、把不賺錢的投資剔除

如果你所買的股票下跌，比你買進的價格跌了百分之十五，這時就該賣了它。務必謹遵這項規則，如果你想日後以較低的價格把它買回來——至少要等到它的價格好幾天（最好是幾星期）不跌了再說。

這一條「百分之十五規則」也適用於新投資：賠到百分之十五時，就抽手。

只有在一種情況下，不必遵循本誡命：假如你是非常長期的投資人，不想隨股票市場起伏而受干擾，而且沒時間常常監控投資情況。在一九二九到三二年，一九七四到七五年，以及一九八

七、二〇二〇年的幾次股票大崩盤期間，凡是能守住股票的人，日後的獲利情況都不錯。不過，在跌了百分之十五時賣掉股票（這時還可能賣得掉），並在市場回升百分之十五時再買的人，情況會更好。

這條百分之十五的規則和個股有關，和整個市場無關。如果某支個股跌了百分之十五——就應該賣掉它。然而，長期守住股票鮮少使人賠錢，倒是有很多人因為緊抱下滑的股票不放而造成損失。就個股來說，目前的趨勢就是最佳的未來趨勢。

九、賺得的錢要經營

減少損失，但可別斬斷獲利。最佳的長期投資指標，是一次又一次賺錢的短期獲利。別太早取走短期的利潤——你要抵抗這誘惑。許多投資人都犯了最嚴重的錯誤：很快就拿到不錯的收益，卻失去更豐厚的利潤。沒有人會因為快速獲利而破產，但很多人因此不可能成為大富。

還需探討兩種更進一步的80／20法則：

一、分析了長期持有的投資組合後發現，投資組合裡的百分之二十，帶來百分之八十的獲利。

二、一位長期持有個人投資組合的投資者，百分之八十的獲利，來自他投資組合中的百分之二十。而在一個完全屬於普通股的投資組合裡，百分之八十的獲利，來自其中百分之二

十的股票。

上述兩項原則何以成立？原因在於，通常只有極少數的投資能有優異的表現，帶來極豐厚的收益。因此，像這種超級明星一定要從頭到尾放在組合裡，讓它利上加利。在安妮塔‧布魯克納（Anita Brookner）的小說中，某位主角臨死前還特別叮嚀：「絕對不能賣掉大藥廠葛蘭素（Glaxo）這支股票。」

想從超級明星股得到百分之百的獲利並非難事：在一九五〇或六〇年代，有IBM、麥當勞、全錄等企業；到了七〇年代，有殼牌石油、奇異或瑞典藥廠阿斯特拉（Astra）等；八〇年代早期有美國運通、美體小舖等，後期則是微軟公司；二〇〇〇年代則有蘋果、母公司為字母公司（Alphabet）的Google、亞馬遜。如果投資人在獲利百分之」百時就賣掉，不就錯失這些股票日後數倍於此的增值？

優秀的企業總是會形成保持績優的良性循環。除非推動績優企業持續進步的動力反轉為使之衰退，否則不該考慮出售它的股票。在此要再提一遍首要規則：當股票價格從最近的最高點跌了百分之十五，再考慮出售。你可以先設定好，當該股跌到最高價的百分之十五這一點，就要賣出。一旦掉了百分之十五，這顯示趨勢在變；若未及此，就一直守著，除非環境逼得你非賣不可。

十、參與創業投資

我的投資很集中，幾乎只投資成長快速的小型未上市公司；在我看來，這是「創業投資」的必備條件，我無法理解為什麼有些創業投資者，會去投資某些成長速度不彰的公司。雖然投資有賺有賠，我在這一塊的投資成效斐然，三十七年來的每年平均獲利成長超過百分之二十。創業投資的獲利很可觀，但假如你是以下四種類型的人，我強烈反對你參與創業投資：

一、創業投資不適合孤兒寡婦，也不適合容易緊張或排斥風險的人。你有可能在創業投資上賠光身家。

二、創業投資不適合沒有耐心或想要快速致富的人。你知道我一向推崇當個聰明的懶惰蟲，想辦法說服基金、財團、公司行號接受你的投資，還要評估投資機會並密切追蹤投資績效。

三、創業投資不適合懶惰或缺乏時間的人。你得要做功課找出投資標的，想辦法說服基金、財團、公司行號接受你的投資，還要評估投資機會並密切追蹤投資績效。

四、創業投資不適合窮人！我認為你至少要能承受十萬美元的虧損，才適合參與創業投資（目前約等於七萬英鎊或六萬歐元）。理由何在？這樣說好了，投資任何一間公司至少都要一萬美元才有意義。但你不可能把創業投資看作是超大型樂透，只把錢放在一間公司上。大部分的新創公司會以失敗告終，你至少得要投資十到十五間公司，才有

最後一點，

可能壓到寶，獲得高於總成本的可觀報酬。

你的確有可能在創業投資，把一萬美元翻成十萬美元，甚至上百萬美元。美國投資人薩卡（Chris Sacca）和卡拉卡尼斯（Jason Calacanis），即是如此投資優步和其他新創公司而獲致成功。像這樣合法賺大錢翻轉人生的管道並不多。這種投資賺錢的機率比樂透高，但賠率仍然很高。沒關係，只要你能承受每一筆創業投資失敗的風險，就可以投資。

現在，假設你是個願意承擔風險的長期投資者，而且你用心做功課，擁有不少可運用的閒錢（多數人都不符合這些條件，請跳到結論繼續閱讀）。萬中選一的你，要如何參與創業投資呢？現在要參與創業投資容易多了，但要聰明投資仍然不簡單。你有四種可行的作法。

第一種最簡單，但我不建議你那麼做。美國有 AngelList 和 WeFunder 這樣的平台，英國有 Crowdcube 和 Seedrs，人人都可以透過這些平台進行投資。問題在於，出現在平台上的公司就不是隱藏的瑰寶了──但如果你或基金先把那些好公司找出來，它們就是只有你才知道的寶藏。

另一種是直接把錢放進真正的創業投資基金。你要仔細觀察那些基金的過往績效。你可以留意英國和歐洲，有一小部分創業投資基金至今績效都非常亮眼。這類基金風險仍然很高。你可以把錢放在既年輕又有良好紀錄的創投公司，不過這樣的公司風險仍然很高。這類型基金的缺點在於，你可能要等上十年，才能回收大部分的錢，而且為止它的績效都很好。這類基金，我只投資 Piton Capital，幸好目前

必須支付一大筆費用，並且根據報酬多寡，支付一筆通常為百分之二十的績效獎金。

第三種作法比較不容易，但是應該比較有趣，也有可能讓你賺到更多。作法是跟許多公司創辦人打關係，在有資金時投入。沒錯，你得要有機會認識創業家才行，還要有點料跟大老闆們聊天套交情。我知道一個很有意思的平台，叫作 9others，由馬修・史塔福德（Matthew Stafford）創辦，這是個低調卻極具影響力的國際性創業家餐會俱樂部。6 9others 本身也是一個投資社團。一個好的投資社團會提供精挑細選的投資機會和交易備忘錄，協助你做交易決策。當投資社團找到投資的好標的，並且有一群投資人願意參與，就有機會將少少的幾千元美金，投入還未打開知名度或被人忽略的投資機會。

最後一種是我採用的作法，就是當個自立自強的業餘創業投資者。這種作法必須仰賴自己尋找交易機會，而且並不容易。恕我無禮，請先閱讀我撰寫的《吉星法則》(The Star Principle)。我只投資波士頓顧問集團（Boston Consulting Group）所說的「吉星事業」(star businesses)；也就是在一個明確的市場或受保護的市場區隔中，規模最大且成長快速的公司。這樣一來，大大簡化了尋找優質新標的的過程，不過你還是要有天使投資的基本知識。7 而且你一定要投資至少十間公司，好分散風險。

創業投資非常吸引人，但剛入行的天使投資者，成功的非常少。除非對自己的操作很有信心，否則請不要投入太多資金。另外，假如你自己操作的第一筆創業投資績效不彰，請把錢投入

結論

錢子生錢孫。不過，有些繁殖錢的方法會有多元的結果。十八世紀的英國詞典學者約翰遜（Samuel Johnson）說，男人在賺錢的時候最是天真，輕易就被利用。此話一針見血，一語道出累積財富（不論是藉由投資或經營成功的事業）的道德層次。不論追求哪一種目標，都無道德高低之分；但追求到該目標之後，並不保證就對社會有用或能夠得到幸福。所以，賺錢和追求事業成功不是錯，但是都有變成以賺錢和追求成功為目的的危險。

成功確實可能帶來後遺症。有了財富，就必須管理它；必須和律師、稅務顧問、銀行業者等相關人員打交道。前一章討論到，在專業上有所成功，必然需要更多的專業；若欲成功，必須做到頂尖；欲達頂尖，必須把自己當成一家公司來經營；欲將力量做最有效的運用，必須雇用許多人；欲使業務得到最大價值，必須運用別人的資金，善用資金，使之增加，使之利上滾利。你的交往範圍擴大，留給朋友和親人的時間就會減少。

成功令人樂陶陶，你很可能樂昏了，因此失去重心，失去自己的看法，也失去個人價值。如果你想大叫：我不要成功了，完全是可以理解的反應。你想要躲開！

16 直覺力
開發你的潛意識力量

80／20法則精華

- 80／20法則用潛意識（又稱「無意識」）發揮奇蹟，潛意識幾乎不用花費什麼力氣，就能產生驚人的結果。

- 潛意識和所有80／20現象一樣沒有被我們好好利用。我們可以學習正確地認識潛意識，並讓它按照我們的設定來運作，不需要花費太多力氣，就能產生驚人的結果。

- 先有意識地思考你真正想要達成的目標，那可以是有創意的解決辦法、一項個人目標，也可以是一顆平靜的心。

- 組織以「我」為開頭的正向話語，向潛意識輸入資訊。比如，當你想要尋找有創意的解決辦法，可以說：「我在嘗試大幅改良產品和降低售價。」想要設定個人目標，可以說：「我會成為有錢人。」想要獲得平靜的心，可以說：「我擁有一群超棒的朋友，因為……」

向潛意識灌輸念頭的方式包括：
- 放鬆做白日夢。
- 在隨意地運動之前，讀誦或默想要傳遞給潛意識的訊息。
- 把想法寫在日記裡。
- 在入睡前大聲說出訊息，或在腦中想著你要傳達的訊息。
- 準備接收潛意識告訴你的答案，要寫下來才不會忘掉。
- 有什麼難解決的問題，先睡一覺再說。
- 每天冥想或讓思緒自由奔馳。
- 為人生建構最積極正向的敘事，它要有一定的可信度，且要善待自己。

撼動世界的力量，在你的潛意識裡。

——美國心理學先驅威廉·詹姆士（William James）

在溪流下方，輕輕且淺淺，
我們的所言所感，在溪流底下，
如此輕淺，我們的所思所感，在那流淌，

> 強勁朦朧深層的無噪聲，是我們真正感覺到的主流。
>
> ——維多利亞時期詩人馬修・阿諾（Matthew Arnold）[2]

我們都有一個躲起來的朋友，它幾乎不用花什麼力氣，就能產生驚人的結果。我們成不成功、幸不幸福，有很大一部分是由這個躲起來的朋友所決定。我說的是我們的心智，尤其是那最有力量的「80／20」——我們的潛意識。假如，我們能學會正確地認識潛意識，讓它按照我們的設定來運作，潛意識會成為我們的最佳盟友。

什麼是潛意識？

偉大、但如今完全遭到冷落的法國心理學家賈內（Pierre Janet），是第一個發現潛意識，並為潛意識命名的人。他說，在掌管思想和推理的意識心下方，有一部分心智（或大腦）很強大，會對我們的情感、行為產生強烈的影響，他將這個部分稱為潛意識（subconscious）。[3] 但佛洛伊德對「潛意識」一詞嗤之以鼻，他比較喜歡用「無意識」（unconscious）這個說法，他主張「意識和無

意識，才是適當的對仗組合」。[4] 大家都知道，佛洛伊德認為，無意識儲存不愉快的記憶、欲望和神經症（neurosis）——簡單來說，就是一切社會不允許、被意識壓抑的事物。榮格對無意識的看法就實際和正面許多。他說，假使沒有無意識來儲存大量的記憶和知識，我們的心智「會變得凌亂不堪」。[5]

現代心理學站在榮格這一邊，對無意識或潛意識（兩個名詞可以互通；我將在這本書裡使用「潛意識」一詞）抱持有建設性的觀點。美國國家心理衛生研究院的腦部研究與行為實驗室主任麥克蘭（Paul MacLean）博士，發明了「三重腦模型」（Triune Brain Model）。根據他的說法，人類的大腦裡，年紀最輕的是意識——也就是**皮質**，這部分至少有四萬年的歷史，而且還在演化當中。而**爬蟲腦**更老，兩億五千萬年前就演化出來了，它掌控所有身體機能，例如：心跳速率、呼吸和生殖功能。爬蟲腦很偏執，但這是有用的偏執，讓我們注意到威脅生存的事物，使我們產生「挺身對抗或逃之夭夭」的反應。我最近到普羅旺斯度假，就是這個腦，在我差點踏上大馬路的時候，警告我不要走過去。沒多久，一輛汽車就從路上疾駛而過。

也就是說，我們的意識專門處理推理和思考等人類才有的特質；潛意識則包含我們爬蟲類和哺乳類動物的能力，處理所有幫助我們活下去的身體機能（爬蟲腦），也處理我們的情感和記憶

意識和潛意識的關鍵差異

（哺乳動物腦）。

- 潛意識比意識的範圍大多了，據估計，潛意識占腦容量的百分之九十二。

- 意識心一次只能做一件事——這就說明了，為什麼你**絕對不行**邊開車、邊打簡訊或講電話。但潛意識可以同時執行無數件任務。

- 意識能記下來的事情有限，但潛意識幾乎沒有記憶的限制（雖然我們能透過意識回想起來的事情可能很少）。

- 潛意識沒有意識那種負責指揮管理的智力。潛意識不會過濾資訊——它直來直往，按照事情真正和確切的模樣，將一切記下來。所以，潛意識是衡量觀點的磅秤，而非思考的機器。互相衝突的資訊出現時——例如，我認為自己是「堅強」的人，不是「懦弱」的人，潛意識會受資訊的強弱、「新舊」和頻率所影響：

- **強弱**是指對事物的看法有多強烈，以及這些看法受情感的影響程度有多深。當我們真的很在意某件事情的時候，強弱程度會傳到我們的潛意識。

- **新舊**是指看法的時間新舊——最近產生的觀點似乎落在潛意識的「最上方」，這點跟意

識的情況一樣。

- **頻率**是指，跟相反的觀點相比，你有多常表達出同樣的觀點。潛意識深受重複的影響。潛意識和意識一樣，會有「認知失調」的問題——也就是說，潛意識不能同時抱持互相矛盾的看法，必須全心支持某個前後一致的觀點。

潛意識和意識的不同之處就在於，在訓練有素的情況下，意識可以辨別資訊的好壞並區分真假。

潛意識處理圖像和情感；意識處理推理和邏輯。舉例來說，我們也許知道電視廣告是偏頗的，關於產品的價值，廣告幾乎沒有提供什麼真實的資訊，但廣告針對的是潛意識，訴諸情感的手法可以產生非常大的效果。有趣的是，過去半世紀左右，科技的變遷正逐漸改變意識和潛意識之間的「輸出／輸入」交換比例，由潛意識占據上風。馬歇爾·麥克魯漢 (Marshall McLuhan) 主張，由電視的出現揭開序幕的電子世代，將以影像和情感訴求為主，正在取代數百年來印刷技術的主導地位，也因此取代了推理判斷的主導地位。[6]

研究大腦的約瑟夫·勒杜克斯 (Joseph LeDoux) 表示，人在做決定的時候，幾乎總是以情感為出發點——「大腦狀態和身體反應是情感的基本情狀，人意識到的感受，則是加在情感蛋糕外面的糖衣裝飾。」[7]

不過，有其他研究人員證實，我們的情感有很大一部分，是由表現在我們的話語和文字

當中的意識思維所決定。意識和潛意識的中間地帶充滿回饋循環。我們要對自己的想法小心謹慎！

■ 讓我們把「意志力」這個詞拆成兩半——意識擁有「意志」，而潛意識擁有「力量」。想要透過意識，將意志力發揮出來，是一件自相矛盾的事。如神學家哈利·威廉斯（Harry Wil-liams）所言：「我從不認為自己可以只憑意志力，就召喚出這種提升自我的力量。意志力這個概念本身隱含著分化——兩樣東西，以相反的方向互推」。[8] 要改變這種情形，方法是把「意志力」拆開——讓意識（意志）指揮潛意識（力量）。我稍後會說明可以怎麼做。

■ 想要瞭解意識和潛意識力量之間的拉扯，還有另一個方法，就是將「意志」與「想像」擺在一塊兒，互相比較。發明自我暗示的知名法國心理學家艾彌爾·庫埃（Émile Coué）曾說：「當**意志和想像**互相衝突的時候，總是想像勝出。」[9] 意志來自意識，想像來自潛意識。意識要達成目的，靠的不是意志，而是要讓來自潛意識的想像發揮作用。舉個例子，不然，超現實主義藝術意識是知識存在的地方，而潛意識是創意存在的地方。

■ 意識是從哪裡來的？畫家達利習慣坐下來，放鬆，做做白日夢，讓他畫的那些奇怪景象，為了想起這些景象，他訓練自己用手握住一個堅固的東西，魔法一般出現在腦海裡。東西一掉到地板上把他吵醒，他就把看到的影像畫出來。[10] 出現影像就把手鬆開。

潛意識為什麼非常符合80／20法則？

- 意識可以記住過去、擘畫未來，但潛意識永遠只活在當下（之後再深談這一點）。
- 最後一點，意識的運作很辛苦。思考簡直是一種傷害，這就是許多人避免思考的原因。但潛意識是在隱蔽的地方不停運作，一點都不費力。

第一，不需要意識辛苦運作，潛意識就能產生絕佳的結果。它能讓我們保持健康，還提供讓我們擁有創造力的情感和記憶，幫助我們改變世界。還有什麼能像潛意識這樣，不費吹灰之力就帶來這麼多好處？另外，要是我們努力讓它運作，反而會讓潛意識沒有發揮的空間——少即是多，多即是少。

第二，如果我們像達利那樣巧妙地接近潛意識，只要發揮小聰明、動點手腳，就能達成了不起的目標和成就。

第三，**潛意識的運用情形**符合典型的80／20分配（確切來說，是99／1分配）。我希望趨勢不會一直這樣下去，但目前看來，刻意運用潛意識的人不到百分之一。儘管如此，這一小部分的人，創造出絕大多數的成就。

科學家運用潛意識取得科學上的突破，例子不勝枚舉。他們都遵循相同的模式。某位科學家

對法國數學家龐加萊（Henri Poincaré）來說，這一刻是在巴黎街頭等著搭巴士、跟朋友聊天的時候。「我繼續聊，」他描述：「但我非常確定，問題解開了。」[11] 對哲學和數學家羅素來說，這個時刻發生在劍橋，他正準備替菸斗添購一袋菸草。

得到諾貝爾獎的德國有機化學家凱庫勒（August Kekulé），花了好幾年尋找一個化學結構的理論。最後，他放棄了。一八五八年夏末，他在倫敦的一輛公共馬車上層做著白日夢，看見跳舞的原子和分子，就是這個畫面讓他想出結構理論。[12] 後來，他想弄清楚苯的碳原子結構，又遇到解不開的難題。但一八六二年，他在夢中看見好幾隻蛇咬住彼此的尾巴，讓他推斷出，構成苯的碳原子以環狀的模樣呈現。[13]

顯然，愛迪生、馬可尼（Guglielmo Marconi）、凱特林（Charles F. Kettering）、愛因斯坦、美國博物學家阿格西（Louis Agassiz）、瓦特（James Watt），以及其他許多科學家，都有過類似的經驗。[14] 根據科學歷史家孔恩（Thomas S. Kuhn）的描述，科學家發現，他們的資料和普遍為人接受的理論之間，差距愈來愈大。孔恩指出，新的理論幾乎很少來自於意識的推理……

被某個問題難倒，找不到答案，努力了好幾年卻一籌莫展。沮喪之下，他把工作丟到一旁。突然有一天，科學家在進行某件日常事務時，完全不想任何事，或是半夜做夢醒過來的時候，答案竟然就出現了。

實際上，新的典範（paradigm），或是可以進一步闡述的充分暗示，是突然出現的，有時是在半夜，有時是在深陷危險的情況下。個人是如何發明（或發現自己發明了）新方法，將已收集到的資料排序，那屬於最後迸發階段的本質，至今仍難以理解，而且或許永遠如此。[15]

孔恩描述的是，在潛意識的運作下，不論科學家本人是否注意到，這種將資料在記憶中分類，然後想出具說服力的新模式，是無法透過意識辦到的。

給學子善用潛意識的忠告

參加考試的時候，先把你要回答的問題統統讀一遍，再回答第一個問題。這樣一來，你的潛意識就會在你用意識回答第一題的時候，針對接下來要回答的所有問題，不斷努力組織答案。等你準備回答後面的問題時，答案就會不斷湧現。

潛意識的三個主要用途

有創意的解決辦法

愛因斯坦說過一句名言：「創意，比知識重要。」如果你想用創意解決問題，不管問題是什麼，潛意識都能幫你想出有創意的解決辦法。以下提供幾個實際應用的例子：

- 任何有創意的表達形式，包括：繪畫、雕塑、作詩、寫歌（歌詞和音樂）、寫書（小說和非小說類）、廣播
- 發明新遊戲（線上或非線上的遊戲）
- 創業
- 科學與技術的創新
- 開發新產品
- 在社會理論和應用上有所突破
- 管理學及如何取得競爭優勢的理論

大衛‧布魯克斯（David Brooks）曾經寫道：

> 潛意識是天生的探險家……天生就會在各種因素出現時，衡量它們的重要性。在意識忙著處理別的事情時，它忙來奔去（同時處理好幾件事情），不斷努力比較新的解決方法和舊有模式，或是試著重新安排問題的各個面向，直到問題全面取得平衡為止。它在尋找關聯、模式、相似點的時候，追著感覺和象徵跑。它會運用各式各樣的心理學工具——包括情感和身體感官。[16]

達成個人目標

把目標寫下來並經常檢視的人，達成目標的機率比較高。至於你該不該為自己設定目標，則是另一個問題。以下是我的看法：

- 如果你真的很想在這個世界上有一番作為，如果你想達成非凡的成就，或想賺大錢，設定目標是件好事。
- 如果你不是**真心**想要實現目標，只是覺得自己應該設定目標，那麼目標可能會令你覺得苦刻難受。也許現在目標還沒找上你，你應該等待你的目標出現。

如果你真的很想達成目標，運用潛意識是最靠得住、最簡單的達標方法。

靜心

平心靜氣可以說是普世的追求。我們都想重返伊甸園的純樸夢幻之境，既能做自己，又能和世界融為一體，過著和諧愉快的生活。浪漫詩人威廉‧華茲華斯（William Wordsworth）說，他覺得大自然是他自己的一部分：「很多時候，我無法將外在事物看成自己以外的存在，我和我看見的所有事物融為一體，彷彿這些事物和我精神上的本質沒有分別，而是存在其中。」[17]想要恢復意識與潛意識之間的和諧狀態，讓我們的心靈與左鄰右舍、全體人類的心靈，重新達到融洽的狀態，我們要讓自己浸淫在真誠和美好的事物當中，追求個人成長與雙贏。

如果我們就是自己腦中所想的樣子，那我們要讓最高尚、最有創意的想法浮至意識的表層，並進入潛意識的最深層。這個追尋的過程不一定要跟宗教扯上關係，但一定會符合某些道德上的特質，因為這樣才能達到內心平靜、與外界融為一體的境界。

「凡是真實的、可敬的、公義的、清潔的、可愛的、有美名的，若有什麼德行，若有什麼稱讚，這些事你們都要思念。」[18]不管是基督徒、不可知論者，還是無神論者，對我們大家來說，這都是很好的建言。原因不是我們**應該**這麼做，而是因為這是讓我們和自己的內在，以及他人的內在，建立起良好關係的方法。

```
階段1 → 意識思維
階段2 → 輸入潛意識
階段3 → 潛意識產出
```

潛意識的三個階段

發掘潛意識的新模式

大部分談潛意識的書籍，都把發掘潛意識變成一件相當複雜的事。但是我認為這件事非常簡單。如上方的圖表所顯示，潛意識分成三個發掘階段：

第一個階段是意識思維，用來找出我們想要潛意識替我們做的事，以及怎麼讓潛意識知道這件事。這個階段並不複雜，但這是三個階段當中最困難的一個——我們必須認真思考要讓潛意識做些什麼。

第二個階段要把我們的想法傳入潛意識。雖然許多書籍都對這件事小題大做，但這個步驟其實非常快速、簡單。

第三個階段是從潛意識提取答案或產

出。這個階段也很容易，前提是我們要讓潛意識把訊息傳遞給我們。

如果你不相信在第二階段和第三階段運用潛意識又快又有效，請想一想你把鬧鐘設定在七點，然後正好在七點的前一分鐘、鬧鐘響起之前，就醒過來的經驗。這是你心智中的哪個部分在發揮作用？

它不可能是意識，因為醒來之前你處於睡著的狀態。發揮作用的是潛意識。很多人懶得設鬧鐘，他們會向潛意識下達指令：我要在早上七點整清醒。如果你心裡還保持一絲懷疑，不妨試試。

再來，建議你閱讀潛意識或「正念」（mindfulness）的相關書籍，可以找到很多詳細、複雜的方法，教你怎麼透過「進入α腦波狀態」、「冥想」或其他技巧，來接觸潛意識。但這些都是不必要的方法。第二階段和第三階段再簡單不過，你需要的裝備只有你的心智。

階段一：意識思維

思考自己究竟想要辦到什麼。這是在第一階段，需要提點你的原因。我會針對潛意識的三個主要用途，給予不一樣的提示⋯

針對**有創意的解決辦法**，規則是⋯

就跟所有強大的心智歷程一樣，想要花一點點精力，就把過程發揮得淋漓盡致，你必須謹慎

- 為了讓潛意識接收到明確的指令，一次只能選擇一個議題。
- 該問題或議題必須是你真的很在意的事情——解決這件事對你來說很重要。這件事可能牽涉到你的工作、職業或個人生涯。
- 這件事，你很可能已經試著靠意識來解決，卻失敗了。
- 這件事可能屬於「怎麼做」的範疇，例如：
  ▼ 怎麼協調工作和家庭生活之間的利害衝突。
  ▼ 怎麼想出你正在寫的歌要填什麼詞。
  ▼ 怎麼發明出比現有產品更優良和便宜許多的新產品。
  ▼ 怎麼避免和某個朋友、親人或同事發生衝突。
- 你想要找的解決辦法，不是只對你自己有好處，而是對大家都好。

針對**目標設定**：

- 一定要是你真的很想達成的目標。
- 不管別人覺得機率多低，你一定要相信自己可以達成目標。如果你不相信可以達成，你的潛意識就不會發揮作用。

- 目標要精準、明確。
- 你要帶著感情,全心投入這個目標,相信它能令你快樂和滿足。
- 想像自己達成目標的樣子,愈清晰、愈快樂愈好。用你的所有感官去想像並描繪達成目標的情景——你的人生會變成怎樣、有什麼相關的畫面或氣味、你會怎麼慶祝目標達成、跟誰慶祝、你的日常生活會變成什麼樣子、你達成目標時還有誰會因此受惠?
- 你要知道並相信,這個目標完全為你而生,針對你的個人特質而量身打造——這是你命中註定的目標。
- 雖然目標可能好幾年都沒實現,但你要想像在此時此刻達成目標。我先前提過,潛意識停留在永恆的現在——未來和過去對潛意識來說,是某種屬於現在的資料。

這一點很難解釋,就讓我們用一個不盡完美、但大有幫助的例子來說明。當你在看電影的時候,電影也有過去和未來,只是過去和未來壓縮成九十分鐘。電影裡的時時刻刻,你都在經歷電影角色的人生;對你來說,這些時刻一直都是現在。如果你能忽略自己花了九十分鐘的人生來看電影這件事,想像成你在轉瞬之間看完了電影——那就是潛意識運作的方式。

我覺得這件事很神祕,潛意識怎能在不知道你有未來人生的情況下,留意未來的目標並幫你達成?但是對潛意識來說,所有時間都是平的,所有時間都是現在。每一件事都是即時電影,

不需要花時間就能展開。

要操縱潛意識，就要用潛意識可以理解的形式呈現資料。所以，要實現未來，就要將未來想像成現在，覺得未來就是現在。如果你可以清楚看見未來，未來就會跟現在一樣真實，跟現在一樣「就在眼前」。潛意識就是這樣──時間保持靜止、不屬於現實的向度。而且，對潛意識來說，想像即想像，想像即現實。從潛意識的角度去看待事情，每一個你記得的電影畫面，潛意識就會幫助你把未來變成現在，將想像化為現實。別忘了，在你看完一部好電影的時候，電影畫面對你的影響有多強烈，還有你能不是哪一天，這個畫面永遠屬於你的現在。重要的是，電影畫面對你的影響有多強烈，還有你能不能在想像中重新建構那些畫面──重點不在時間向度，時間向度無關緊要。

針對**靜心**：

■ 用正向的話語公開描述自己，並相信這些描述，會在我們的潛意識留下深刻的印象。嘗試說出以下這些意見和肯定語，能幫助我們達到心中所想的境界：

▼ 我很感謝……

▼ 我很有創意，因為……

▼ 我覺得自己有力量、心胸開闊、愉悅、快樂、與世界和諧共處、心情很好。

▼ 我的工作很重要、很有用，因為……

這類以「我」為開頭的話，只要抓到有點相關的時機（比如有人問「你今天好嗎？」），和朋友聊天、甚至是獨處的時候，每天都能說上好幾遍。如果大聲說出來或寫在日記裡，這些話語似乎更有效果。

現在，我們遇到一些文化上的問題。我是英國人，而我們英國人覺得這麼做有一點——該怎麼說才好——厚臉皮？不謙虛？瘋癲？天真？不管你是哪個國家的人，或許你也這麼認為。可是，如果我們真的很想追求平靜、祥和、沉著、安寧、心平氣和的境界，這就是辦法。抱持樂觀

- 我能幫助別人，很幸運。（舉出具體事例：在什麼時候、幫助誰、怎麼幫？）
- 我健康狀況良好。
- 我有可以依靠的好朋友，我喜歡他們的陪伴。
- 我很幸運，有一個很棒的戀愛對象——或是，我很快就會遇到相守一生的伴侶。
- 我能住在這麼美麗的地方，真是幸運——或是，我就要造訪某個美麗的地方（剛去過某個美麗的地方也行）。
- 我對這件事充滿熱情。
- 我在讀的這本書棒得不得了……

諸如此類的話。

的看法有用！

除了在任何可以這麼做的時機，試著看好自己的境遇，我們也應該看好自己。我們都是「彎曲的木材」。[19] 可是，為了達到心靈平靜，我們要相信自己能夠對世界有所貢獻，相信我們在讓人生變得更好，相信我們正在提升自己，相信我們立意良善。少了這些信念，人生多麼淒涼，誰想生活在淒涼的境地？

讓我們再看看下面這些說法，聽起來很老套，實際卻很有效：

- 「每一天，我在各個方面，都愈來愈好。」——艾彌爾・庫埃
- 「用你想成為的樣子看待自己。」——哈利・卡本特（Harry Carpenter）
- 「我正在成為最棒的自己。」——馬修・凱利（Matthew Kelly）
- 「正因為我有這些不足之處，所以我是讓世界變得更好的力量。」
- 「我追求真實與美好。」

階段二：輸入潛意識

以下提供三個簡單容易的方法，幫你將訊息傳給潛意識：

一、放鬆做白日夢

- 在一個安靜、隱祕的地方（最好是戶外），坐在一張舒適的椅子上。
- 放輕鬆。
- 將所有思緒從腦中排除（除了你要傳遞的訊息）。
- 將訊息傳給潛意識——可以不說出來，但如果可以，最好大聲說出來。

二、在「隨意」運動的時候，做白日夢

- 做你熟悉、不假思索就能做的運動（最好是經常做的運動），培養固定運動的習慣。
- 一定要是對你來說輕而易舉的運動，不要有壓力，也不要有負擔。我覺得用一般正常速度騎腳踏車或走路很有效果。
- 在運動之前，用大聲讀誦或默想的方式，把訊息傳給潛意識。如果你記得住，請在運動或做白日夢的時候複誦訊息。做完運動，再次複誦訊息。

三、入睡前

- 躺在床上的時候，用幾分鐘的時間聆聽氣氛輕鬆、有催眠效果的音樂（我每天晚上都聽同一首音樂，專輯名稱叫《el-Hadra》，意思是「神祕之舞」，由慕尼黑唱片公司 Edition Aka-

階段三：由潛意識產出

你的潛意識會試著把它的答案或訊息傳遞給你——只要你不從事劇烈活動，或讓心智不得安寧，就會收到這個答案或訊息。要幫助潛意識將訊息傳達給你，就要按照第二階段的建議，在白天時不時放鬆一下或做做白日夢。

答案經常會在夜晚，或是在早晨快要完全清醒之前、淺眠或半夢半醒的時刻出現。如果想要在你再度入睡和忘掉訊息之前把答案留住，在床頭櫃上放一本筆記本和一枝筆吧。

- sha 推出。這張專輯似乎能引導我一夜好眠，輕鬆向潛意識傳話）。
- 在你入睡前，放鬆下來或昏昏入睡的那一、兩分鐘，大聲說出訊息，或在腦中想你要傳達的訊息。
- 在心裡期待著會一夜好眠和做美夢。
- 複誦訊息，讓訊息成為你睡著之前說的最後一句話，或心裡想的最後一件事。

神經科學最新研究所揭示的三件事

我從這個世紀初開始追蹤神經科學的最新研究，結果既驚人又令人洩氣。我們所企圖瞭解的

或許是世界上最大的奇蹟——心智的高深莫測，或許已經超越人們的理解範圍。儘管如此，在眾多研究資料當中，我只蒐集到三塊有用的黃金：[20]

一、把潛意識當成你最要好的朋友

每天晚上睡覺，潛意識都在不斷默默修復我們白天承受的心理傷害，用對心智最有利的方式去除毒素，並重新建構我們的心智體驗。[21] 腦部造影實驗顯示，心智會偏向對我們有利的一邊，去推動各種可能的夢想、抱負和偏好。潛意識會試著在現實中開闢一條對我們有利的路徑。要怎麼將潛意識的助力和療癒力放得更大？

■ 先睡一覺再說。

神經科學證實這是有用的民間智慧。不管要做什麼樣的重要決定，先睡一覺再說——只是我常常覺得這一點並不容易做到，因為我是個性急的人，喜歡把艱難的抉擇搞定，好結束一天的工作，為明天的事預留心智空間。但是，我已經學到教訓，知道錯了。等到早上，事情會更明朗、簡單，你會有更明確的方向。睡覺時，大腦會判斷出最佳路徑。千萬不要在勞累、焦躁不安、身心俱疲、情緒低落的時

候，做重要決定。讓潛意識轉換一下，幫助你恢復理智、實現理想。

■ **一定要睡上一晚好覺。**

潛意識需要時間來恢復平衡。睡眠被干擾或睡得不夠，會讓你無法擁有最佳的心理狀態，助你度過一天。以下是一些提升睡眠品質的小技巧：

▼ 每天在固定的時間就寢和起床。

▼ 睡前聆聽有靜心效果的音樂或閱讀書籍，讓自己放鬆，但要避免會過度消耗腦力或讓你做噩夢的書籍。

▼ 沖個或泡個熱水澡，然後馬上去睡覺。

▼ 有個偏方我覺得很有效，就是睡前吃一顆奇異果，如果你有睡眠問題，可以試試。

▼ 時間晚了就不接觸有爭議或可能引起壓力的東西，含咖啡因的食物和飲品也包括在內。

▼ 如果你睡得不好，盡量不要吃一般的安眠藥，可以試一試天然療法，例如在睡前半小時左右，服用5-羥色胺酸或調節壓力的保健品。

▼ 不要習慣設鬧鐘把自己叫醒，能睡多久就睡多久。

▼ 睡覺的房間要保持安靜、黑暗，不過自然光線要能夠穿透進來，讓自然光溫和地喚醒你。

▼ 睡不著的時候，不要跟失眠對抗。你可以在床上看看書、聽聽平和的音樂，或者乾脆起

床，待到再次感覺疲累為止。

二、每天冥想或「讓思緒自由奔馳」

冥想的方式很多，其中有一種非常簡單、容易，又能有效釋放心靈的負擔，就是西藏僧人進行冥想的方式。在西藏，僧侶每天冥想一小時，修習對眾生的慈悲心。有實驗顯示，這些僧侶「伽馬波同步性」（gamma synchrony）很強，此時大腦神經元組成的系統會共同統整收到的資訊、探索其中的意義，或嘗試解決問題。神奇的是，伽馬波可從冥想外溢到其他活動，這股「伽馬波的力量」與僧人的總冥想時數呈高度正相關。²² 可知冥想（尤其是將注意力放在慈悲精神時）確實有助提升大腦功能，而這樣的活動，只在潛意識進行。

我不冥想，但我每天都會花時間「讓思緒自由奔馳」。不要設下框架，讓心智隨心所欲地翱翔，這麼做往往能夠帶你連結到之前沒有串在一起的經驗或想法。我多半會在熟悉的路上，騎著自行車自由思考，你也可以在從事不需要太多專注力的運動時，或是坐在寧靜的地方這樣做。訣竅是不設目標、隨心所欲、天馬行空地去想。當腦海浮現有用的點子，一定要記住。當你需要有用的點子，自由思考法是最符合80／20法則的作法，它不需要花費力氣，還有其他附加好處，包括給你健康的身體和平靜的心。

三、建構人生敘事

威爾森（Timothy Wilson）教授指出，練習撰寫自傳可以有效幫助潛意識的潛在療癒力浮現出來。[23] 他引述傑米・潘尼貝克（Jamie Pennebaker）的團隊研究結果。當時，潘尼貝克鼓勵數百名受試者寫下內心最深處的想法和情緒，以及個人生命的重要轉捩點。潘尼貝克的受試者用多半歸類為創傷的經驗，編織出連貫的人生故事，獲得顯著的好處，包括在大學時期拿到好成績、身體更健康、更有自信。

威爾森根據這個概念進一步建議，人們應該要善用潛意識來撰寫人生敘事，為漫長的人生歷險賦予意義與尊嚴感，並透過反思挖掘深層的想法。如果你覺得寫不下去，加油，因為能夠從這項練習獲得最多好處的人，往往就是一開始不知所措和無法順利書寫的人，但是他們最後都會找出串起每一個小點的線，找到困難帶給他們的意義。

自傳需要詮釋，每件事都是一個故事。請在勾勒故事時善待自己，用最棒、最有同情心、最能改善生活的角度去記錄人生。這仍然要是一個可信的故事，但可信的詮釋有千百種，請選擇對自己最寬容的角度，並向自己和願意聆聽的人多多訴說這個故事，你會擁有更美好的明天。當我們相信自己可以過得快樂或成功，這個既完備又有說服力的敘事，將因著我們的相信而實現。

結論

等你學會如何讓潛意識發揮力量,請幫助你的親朋好友,讓他們也能這麼做。把這本書送給他們,或借給他們吧。沒有什麼能像這些作法,稍微付出一點努力,就有滿滿的收穫。

第四部

80／20的未來

17 靠80／20網絡效應成功
資源集中，勝算更大

80／20法則精華

- 網絡的力量愈來愈強大，80／20法則也變得更加普遍、更不平衡。

- 例如，社群媒體、足球隊和球迷、網際網路、加密貨幣、以應用程式為基礎的組織和平台，這些都是網絡，它們不需要依靠由上而下的管理風格，或一般常見的行銷資金來源，也能快速成長。

- 網際空間有許多非凡之處，其最大的矛盾在於，儘管它是公開且無阻礙的空間，卻造就了80／20法則的極端模式，甚至往往趨近壟斷。舉凡網絡，其運作皆符合80／20法則。網絡喜歡集中的市占率，因為這樣有助於網絡達到最深的深度，以及最廣的接觸範圍。網絡也會進一步拓展、深化、強化80／20現象。

網絡社會代表人類經驗的質性變化。

——西班牙社會學家曼威・柯司特（Manuel Castells）

我撰寫這本書的第一個版本時，不明白**為什麼**80／20法則如此有效。我引述經濟學家史丹德爾的話——「長久以來，帕列托法則在經濟世界蹣跚而行，如風景中的一塊奇石。但至今無人能解釋這條實用的法則。」但我現在很興奮，因為我想我知道怎麼解釋了，而且這個理由甚至也能說明80／20法則為什麼會愈來愈普遍，以令人費解的神祕方式影響著我們的生活。

答案是正在快速崛起的網絡力量。網絡的數量和影響力增長，其來已久。在最初的幾個世紀，增長速度很慢，但從一九七〇年左右開始，增長速度愈來愈快、愈來愈劇烈。網絡也展現「80／20」的樣貌——在分配上具有80／20的特徵，網絡連接得愈廣愈多，80／20法則的現象就愈常見。

網絡的影響力提升，80／20法則的影響力也隨之提升。

上面這句話的重要性，再怎麼強調也不為過。如柯司特所言，網絡社會標示人類經驗的質性變化。而這種改變的本質，根源在於80／20法則本身具備的本質。沒有一種組織或經驗，能像網絡這樣，**如此典型、方方面面都符合80／20法則**。

我們一定要瞭解網絡，明白網絡為何愈來愈重要、它具備哪些80／20特徵，以及該如何善加

利用。如果我們不瞭解80／20和網絡，我們就無法瞭解，在我們的一生當中，商業世界和社會發生哪些深遠的變化。

所以，什麼是網絡？

前《連線》（Wired）雜誌編輯凱文·凱利（Kevin Kelly）說得好：「網絡是最沒有結構的組織，換言之，網絡可以具備任何結構。」Facebook和推特是網絡，恐怖組織、犯罪幫派、政治團體、足球隊、網際網路、聯合國、世界上的金融體系，也是網絡。蘋果、Google、eBay、優步、亞馬遜、網飛、Airbnb等公司，以網際網路或應用程式為基礎，突然竄出頭來，創造出不可思議的財富，這些組織要嘛本身是網絡，要嘛生態系統中有網絡存在。

網絡和由上而下的傳統組織有何不同？

這個嘛，我們先來談一項關鍵差異。從國家官僚，到軍事帝國，再延伸到有組織的農業和商業環境、磨坊和工廠，以及這三百年來的所有商業和社會組織，我們採用一般的組織已有數個世紀之久，而一般組織的成長發展，**有賴組織的上層採取行動**。

傳統組織無法在沒有上層規畫（通常規畫得很細）的情況下成長發展。規畫之後，產品設計、製造、行銷、銷售等活動會將計畫付諸實現。這類活動都是代價高昂，又勞心勞力。在過

去，經常要花上很長一段時間，付出許多努力、人力和金錢，組織才能發展到最大和最有影響力的程度。

但網絡不同。它們的成長動力不是來自擁有或贊助網絡的組織**內部**（假使有組織的話），而是來自**外界**。網絡在成員自發性地採取行動的情況下成長——如果網絡的擁有者是公司行號，「成員」就是「顧客」或潛在顧客。網絡成長的原因在於本身擁有內在的動力，以及成長符合網絡成員的利益。

讓我舉一個我幾乎從一開始就參與其中的網絡案例。這個網絡由一群缺乏經驗、但熱情十足的年輕人所創立。它是必發公司。你可以稱這些「創辦人為創業家」，這麼說並沒有錯，但他們實際上是運動博弈的愛好者。他們想要博弈，但不想付給傳統博弈業者可觀的抽成費用——每一筆賭資，這些業者大約會抽百分之十作為利潤。必發公司背後的概念在於，每個想要賭一把的人都可以跟另一個持相反意見的人對賭，你可以賭一場賽事中，某一匹馬或某一支隊伍是輸是贏。必發創造出一個與股票市場類似的線上電子市場，然後只抽一點管理市場的佣金。

二〇〇一年，必發剛推出不久，我把錢投資在它身上。在那個階段，這間公司的市值為一千五百萬英鎊——金額不算很高，真的。那時公司還很小，幾乎沒有什麼產業觀察家注意到這間公司——或者，他們注意到了，但不認為這個概念會成功。然而，必發公司令人期待的一點，也是讓我感興趣的原因，在於它成長速度極快。早年必發的成長速度是**每個月百分之十、二十、三**

這樣的成長力道來自哪裡？我可以告訴你，力道不是來自哪裡。力道不是來自於努力銷售和行銷，因為剛開始幾乎沒有這些活動。成長力道來自於網絡本身——來自於必發的使用者，也就是他們的客戶；這些人實在太喜歡了，於是推薦喜歡博弈的朋友加入這個網絡。而且，原因不光是他們喜歡這個系統，或者他們想關照自己的朋友。這些網絡使用者推薦必發，原因在於他們想要網絡擴大，讓自己從中得利。他們希望有更多人下注、提高賭金，讓他們跟其他持相反看法的成員配對成功。

這一點使我獲得啟發，看見網絡的第二個重要面向——網絡規模變大，會變得更有價值。不僅如此。對成員和網絡擁有者（假如有的話）來說，價值並非以線性關係增加，而是以**幾何級數**成長。試想一個有一千名成員的交友平台，所有成員都在某個城鎮或地區，大家都有意和其他成員約會。你會加入這樣的網絡嗎？可能不會——規模太小了。

但是想像一下，若網絡規模翻倍，變成兩千名成員。這個網絡的價值也是**翻一倍**嗎？不，不是**翻了一倍**。實際上，這個網絡的價值**翻了兩倍**。因為，網絡成員互相配對的排列組合，從四十九萬九千五百組，提高到一百九十九萬九千組。[1] 基於同樣的理由，必發的使用者人數增加，對網絡使用者的價值會以幾何級數倍增。賭客可以下更多賭注、投注更高金額，並且找到和他們對賭的人。對必發的經營者來說，必發的價值也隨之大幅提高。二〇一六年二月，這間公司和派迪鮑

爾（Paddy Power）合併。兩間公司合併後，市值來到七十二億英鎊。其中，必發的股東擁有三十四億五千六百萬英鎊——是我投資時的兩百三十倍。二〇二一年，在我撰寫這一段文字的時候，派迪鮑爾必發（Paddy Power Betfair）已易名為「Flutter娛樂」，市值為兩百三十二億英鎊。

如果我們把網絡的前兩項特點合在一起（成長較容易來自於成員的活動，以及規模變大所產生的價值呈幾何級數增加），就會得出第三個結論：網絡組織能夠以超快的速度獲得價值，比其他任何組織都要快上許多。這就說明了，以網絡為基礎的企業（如亞馬遜、eBay、Facebook、阿里巴巴、Airbnb、優步）為什麼能這麼快變得價值連城。沒有一間非網絡公司能夠媲美這樣的價值增加速度。

最後，還有第四個原因，說明為什麼網絡的成員和力量會激增：推動網絡的燃料是資訊。隨著資訊科技（從最廣的定義來看）的觸角更廣、能力更強，網絡因此呈倍數成長、稠密度變高、更有優勢。舉例來說，假如智慧型手機沒有問世，Airbnb和優步等倚重應用程式的公司，就不可能發展呈現在這種規模。

所以，連鎖效應產生了，也就是某個價值連城的網絡創新活動，會帶來並成就許多其他價值連城的網絡創新活動。在資訊科技的成本持續下降、表現愈來愈強勁和多元的情況下，我們很難看出這個網絡創新活動的盡頭在哪裡。不管是好是壞，我們真的處在美麗新世界——這個世界觸動成千上萬人的生命，改變商業和社會的規則。

一九六〇年代以降，學者、商業人士、評論家就開始注意到網絡。然而，大家對網絡和80/20法則之間的關聯性，還不是那麼瞭解。為了揭開這個關聯，讓我們一起探究網絡遵循80／20法則運作的兩個例子吧。

網際網路明星

線上世界是個顯而易見的例子。「網際空間」（cyberspace）是科幻小說家威廉・吉卜森（William Gibson）在一九八四年發明的詞彙。他說：「我在試圖描述一個難以想像的現在。科幻小說的最佳用途是探索當代現實。」他將網際空間定義為：「成千上萬人，在每個國家，每一天，所體驗到的交感幻覺（consensual hallucination）……複雜程度難以想像。光線在心靈的非空間（non-space）裡排列，資訊在各處散落、聚集。」

網際網路絕對是奇怪的國度，我們不必離開地球上的所在地點，就能造訪那裡。它的結構是民主的，這是改變我們工作、社交生活和商業面貌的網絡，也是規模和力量大爆發的網絡。它歡迎所有人。每個人都能存取維基百科的豐富資訊，從成千上萬有受到邀請也可以在推特上發表意見，大家都能將日常生活的片段張貼在 Facebook 或其他專門的網站上。網際網路會成長，是因為它對所有人都開放，也因為網際網路擁有非常可觀的金錢價值。誰也不會被它排除在外，它歡迎所有人。每個人都能存取維基百科的豐富資訊，從成千上萬

篇文章中獲得見解。

儘管如此，網際網路的核心卻存在一件矛盾的事。網路公開、沒有阻礙，但網路也呈現出典型的80／20法則。舉例來說，維基百科列出超過兩百個搜尋引擎，但有四個全球引擎——Google、百度、Bing、雅虎，占據市場的百分之九十六。九十六的搜尋次數和隨之而來的廣告量——呈現96／2的關係。

光是Google就占了百分之六十六。所以，每兩百個搜尋引擎，就有一個搜尋引擎（低於百分之一），掌握這門超級有利可圖的生意的三分之二——呈現66／0.5的關係。此外，我會在下一章讓大家看見，實際上Google和敗陣下來的搜尋引擎之間，利潤關係被大幅低估了。Google也掌握了百分之八十二的手機作業系統，以及百分之九十四的手機搜尋量。在中國的電子商務市場中，阿里巴巴這個網站，占總交易量的百分之七十五左右。由於中國網站為數眾多，這是一個75／0的關係（四捨五入後，阿里巴巴對那些網站的百分比值為零）。

世界上有多少個博彩交易有分量。我估計，必發在它的市場裡占據超過百分之九十五的份額。世界上有多少個Facebook？以前，世界上有兩個主要的社群平台，Facebook一度還比MySpace要小很多。但是現在就只有一個社群平台——Facebook。而世界上有多少個推特？只有一個具有分量。

提到推特，推特的系統**裡面**，存在某種類似帕列托的關係。《矽谷內幕》（Silicon Valley Insider）

的研究指出，百分之十的「重度跟隨者」（跟隨很多推特玩家的人），在所有被跟隨者中占百分之八十五（85／10）。[2]

另外一邊呢？二〇一一年，研究人員指出，僅僅兩萬名經常貼文的推特玩家，在所有推特玩家中，只占不到百分之〇・〇五──50／0模式。[3]

最後，世界上有多少個優步？現在有優步，也有許多在其他市場區隔經營的競爭對手。如果你要的是優步提供的服務，那你的選擇除了優步，就只有優步。這件事對我們都好，因為任何城市中發生實質壟斷，意味顧客的等待時間變短，而且司機的使用率提高。這些都有助於說明，為什麼優步鐵了心要在這麼多地方，以非常高額的成本，如此快速地擴張──天堂裡只有一個位置，留給像優步這樣的公司。

儘管優步有許多負面新聞，但創投市場對二〇〇九年才創立的優步的評價，已經超越通用汽車，後者創立於一百多年前。當然，優步不生產汽車，也不擁有汽車；正因如此，他們認為優步的潛在未來利潤，預估值極為可觀。

為什麼網路如此集中，超級贏家少之又少，大部分都是無足輕重的參與者？Google母公司「字母公司」的董事長艾瑞克・施密特（Eric Schmidt）解釋：

我想告訴各位，網路創造公平的競爭環境一定會有長尾。但不巧的是，情況並非如此。真實的情況叫作「冪次法則」（power law）。少數事物呈現高度集中的態勢，而其他大部分事物，占有的分量都相對較少。幾乎所有新興網絡市場都符合這項法則。因此，雖然尾部會引起人們的注意，但絕大部分的利潤仍然存在於頭部。

而且實際上，網路可能引爆更大的轟動，使得品牌更加集中。如此一來，對大部分人來說就更不具意義，因為這是更大的傳播媒介。可是當你讓大家一一聚在一起，他們還是喜歡有個超級明星。而它再也不是美國的超級明星，而是全球的超級明星。4

在網際空間裡，關聯密切的網站就像一間大型的時髦酒吧，之所以受人歡迎，正是因為它們很受歡迎。你知道自己會在那裡見到很多人。這個情況就是，大家都想和別人窩在一起──至少是氣味相投者所在的地方。市場的流動性和深度會吸引更多成員，變得更有流動性、更有深度。網絡的吸引力與其規模相稱──不，是超級相稱。在至少一季的時間內，贏家通吃。很好。酒吧老闆不會變成億萬富翁。但網路上和他類似的角色，很有可能在超級短的時間內富可敵國。

我們來看看在第二個例子中，勝出的網絡如何變得愈來愈有力量。這一次，我挑選的重要社會趨勢，**不是網路上**的例子。

城市的80／20網絡效應

自從一萬年前人類定居在一個地方，城市就成了非常重要的網絡，有促進知識、文化、物品、服務交換的作用，而且提供政府和金融方面的基礎設施。「全球策略家」帕拉格·科納（Parag Khanna）主張：「城市是人類最耐久、穩定的社交組織模式，比所有的帝國和國家都要長久。」[5]從以前到現在，有兩個重要得不得了的趨勢（確切來說，這是我的話，不是科納說的，不過他的看法在某種程度上與我雷同）。

其中一個趨勢是，住在都市的人口數緩慢而穩定地增加中（而且現在速度增加得很快）。一五〇〇年，全世界有百分之一的人住在城市裡。到了一八〇〇年，這個比例變成三倍——百分之三。一九〇〇年，是七分之一的人口。今天，住在城市的人比其他任何地方都要多。

大約從一四五〇年開始，歐洲財富增加（後來世界各地財富也增加），人類因此在生物學上有所突破；要不是城市的數量和力量增加了，不會有這些進步。城市是創意、交易、商業的中心，由人數非常少、但舉足輕重的新興中產階級市民（80／20）運轉，這些人既不是農民，也不是貴族。城市是孕育財富的地方；在貴族擁有的農村莊園汪洋之中，80／20小島如雨後春筍般出現。

當然，城市已經存在上千年了，但是要到中世紀末的歐洲，城市才開始變成經濟成長和社會變革的引擎。

一五〇〇年，只有五個歐洲城市有十萬人居住。到了一六〇〇年，已經有十四個城市——阿姆斯特丹、安特衛普、君士坦丁堡、里斯本、馬賽、美西納、米蘭、莫斯科、拿坡里、巴勒摩、巴黎、羅馬、塞維亞和威尼斯。你會注意到，這些城市當中有一半是重要的港口。沒有這些城市擴張，就永遠不會發展出現代世界。

今天，全世界最有錢的二十個城市是吸引人才的磁鐵，知識和金錢都集中於此。有趣的是，大城市愈來愈大、愈來愈富有——這股趨勢，從一五〇〇年的歐洲延續下來，而且速度愈來愈快。城市擴張呈現典型的網絡效應：

■ 隨著網絡（城市）規模變大、稠密度提高，居住在城市裡的優點因此倍增。遇見其他在知識上和自己相輔相成的人，機會也大增——雖然，住在擁擠的城市裡，有交通壅塞、開銷大、壓力大等騙不了人的缺點。網絡的正面效應通常會勝過負面效應；證據就是，多數大城市都會愈來愈大。

■ 雖然不是所有城市都是如此，但美國許多自治城市和已開發國家，都是扶不起的阿斗。紐奧良和底特律的低稅政策，沒有賦予這兩個城市吸引力——低稅是沒落的徵兆。網絡效應跟以往一樣，呈現出類似帕列托的選擇性。有理想網絡的城市生氣蓬勃，愈來愈大、愈來愈熱絡。其他城市則愈來愈衰頹。

- 城市是熔爐，會從世界上比較沒有成就的城市和國家，吸引有野心、有才華的人士。城市居民之間的多樣化和差異程度提高，創新事物愈來愈多，機會如雨後春筍般出現。

這些網絡效應解釋了，為什麼從一九七〇年代開始，經常有人預測資訊科技會鼓勵更多人搬到郊區的看法，是一種謬論。居住在大城市擁有都會生活的網絡優勢，這種優勢只會愈來愈多，因為親自見面和偶遇變成一件重要的事。科納預言：

二〇三〇年的時候，全世界百分之七十以上的人會住在城市裡，這些人大都住在距離海岸五十英里的地方⋯⋯現在的沿岸巨型城市，人口集中、經濟有影響力、政治力量強大，使這些城市成為⋯⋯人類組織的重要單位。6

我要補充，過去五百年來，緩慢而穩定的賺錢方式，就是在擴張中的城市中心買下土地。

另外一個趨勢，在於特定規模城市裡的人口分布。未來主義者主張，在網路世代，城市會比較分散，而他們再次受挫。顯然，不論什麼時期，快速成長的城市，通常都是該時期歷史最悠久、最大的城市——例如，東京、北京、孟買，以及美國的紐約、洛杉磯、墨西哥市。大東京地區現在約有三千八百萬名居民，比加拿大和伊拉克的人口總數還要多。

科納還表示，城市會逐漸合併，就像東京和橫濱——所以，舉例來說，會有洛杉磯加舊金山、波士頓加華盛頓特區。後面那個例子對我來說有一點過頭，因為那兩個城市的距離不是很近，但城市向外蔓延、入侵綠地是長久以來的趨勢。倫敦特拉法加廣場旁邊的聖馬田教堂（St. Martin-in-the-Fields），真的曾經位在城市外圍，四周都是農田。

也許，科納現在會更肯定地說，全球城市必須藉由吸引世界人才，以維持魅力——「隨著全球移民潮出現，彼此互連與開放城市的外國出生居民比例創下新高」；[7] 在達拉斯有百分之二十四於外國出生的居民，雪梨有百分之三十一，紐約市和倫敦各有百分之三十七，香港有百分之三十八，新加坡有百分之四十三。[8]

摘要

這一章內容不少——非常感謝各位耐心閱讀！我現在要總結論點了：

一、80／20法則之所以益發舉足輕重，其中一個原因是網絡具有力量。

二、網絡的運作也與這項法則相符。在任何特定的市場或類別當中，比例非常低的網絡會在該市場或類別裡，掌握比例相當高的活動或業務。

三、**網絡及其成員喜歡集中的市占率和壟斷**，因為如此一來，網絡的深度最深、接觸範圍最廣。網絡是愈大愈好。愈大的網絡，就愈能有效且快速滿足供需，因為，這樣的網絡在可能的成員配對上，有更多排列組合，也針對個別成員的偏好，提供更多相關資料。

四、同樣一個類別裡，如有兩到三個規模差不多的網絡，是不穩定的，因為這樣不符合網絡成員的利益。為他們提供服務的市場，最好是趨近壟斷的市場，而這個狀態會持續下去，直到創新動力產生新的類別為止──這個類別本身，也一定會倒向少數的主要網絡或一個主要的網絡。

五、網絡的影響力從一九七〇年代，尤其是線上交易發生創新和擴散之後，開始飆升。網絡變得更普遍，商業和社會活動的比重也因此不斷提高。這就表示，用舊的80／20當作基準來描述這個法則，很快就變得太過保守。網絡不只讓這個法則的發生機率提升，也讓它幾乎無所不在，但也因此走向極端。

我們會在下一章檢視80／20法則在哪些方面，如何快速演變成90／10法則、95／5法則，甚至99／1法則。接著，會探討這樣的轉變具有什麼樣的實質意義。

18

集中程度向極端傾斜

當80／20變99／1的網絡商道

80／20法則精華

- 80／20法則正在演變成90／10法則，甚至99／1法則。

- 二〇〇七年，全球手機生產利潤，有四間處於虧損狀態，而新加入的一間蘋果公司，就賺走了百分之九十二些製造商之中，有百分之九十掌握在五間手機製造商的手中。現在，這的利潤。

- 比起過去的「五大手機製造商」，蘋果公司把應用程式的開發商和使用者連接起來。這項重責大任幾乎全數司本身擁有極珍貴的平台，但是為蘋果市場開拓又新又棒的產品，這項重責大任幾乎全數外包。

- 在這個新興的網絡世界，唯有主導市場或某個領域，你才有可能大贏特贏。

- 網絡不一定是指網際網路，電子商務也不必然就是網絡，然而將獨特新穎的電子商務模式

與強大的網絡效應兩相結合，可以讓產品或服務**隨著網絡壯大而擴大規模與改良**，這是獲取可觀利潤最簡單的方式。這可是千載難逢的良機。少數**利潤龐大、擴張快速**的網絡是當今趨勢。

- 在新世界成功的祕訣：
  - ∨ 打造網絡效應強大的新事業，或在其壯大之前找出來，在這樣的公司工作或將金錢投資進去。
  - ∨ 只在規模尚小、擴張快速的網絡事業做投資或為其工作。

未來已然到來，只是未平均分布。

——科學幻想家威廉·吉卜森

不久之前（實際上是二〇〇七年），手機生產者的世界波瀾不興，是個完全預料得到的環境，符合典型的80／20世界。當時，手機製造商數量很多，但總共只有五家廠商——諾基亞、三星、摩托羅拉、索尼愛立信、LG，掌握全世界大約百分之九十的利潤。這一點都不令人驚訝。可是今天，以價格規模、取得優勢的公司、利潤分配、利潤創造來說，已經是個完全不同的世界。在二〇〇七年和二〇一五年，新血加入市場，改變了一切。所謂新血，當然就是推出iPhone

的蘋果公司。蘋果公司不但登上龍頭大位，還像聖殿裡的耶穌，將業主的桌子掀了，把他們趕走。二〇一五年，蘋果公司在一個更大、更有利可圖的市場，拿下百分之九十二的利潤，讓從前的龍頭公司去爭奪蠅頭小利。以前的市場領導業者，現在，五間有四間虧損。

改變的不只是贏家的身分，還有利潤的創造方式。我們有必要描述一下這個情況，因為其他市場也發生相同的情況，而且這是徹底的變化，會決定未來幾年的樣貌。[1]

長話短說，80／20變成了90／10。用正常的話來說，會多一些描述，但意思一樣清楚。賺進大量現金，這種商業模式已經驟然改變。舊的模式逐漸消逝，新的模式正取而代之。想要創新，你可以揚棄舊有模式，在你所處的產業創造或歡迎新的模式。手機市場比網路出現得早。網路問世時，手機生產者因為市場迅速擴張的緣故，開心地摩拳擦掌。電話撥打量增加了，每個人都賺進更多錢。愈來愈多人使用手機來存取和傳輸行動內容，但手機製造商依然陷在網絡出現之前的世界之中。

直到最近，「價值鏈」（這是糟糕的行話，用來描述一種有邏輯的做生意方式）才成為主流的商業模式。價值鏈的開端可能是研究，新產品於焉誕生。也可能是產品設計，通常是從供應商那裡購入材料和服務──例如，用來製造手機的電子零件和外殼。經過製造、行銷、銷售、物流等階段，成品（手機）送到顧客手上，價值鏈向前推動。價值鏈也是所謂的「管道」（pipeline），因為這些活動是從供應商到顧客，以直線的方式進行。

請注意，管道式商業是典型的80／20世界，利潤大部分流向數量相對較少的生產者（可能是所有供應商的五分之一），但市場上或許會有三個、四個、五個，甚至更多贏家，與80／20法則完全相符。利潤集中在少數參與者手中，但這些參與者通常不會只有一、兩個。

所以，網絡式商業究竟跟管道式商業有何不同？這一點，除非你知道網絡企業也需要管道，否則很可能弄混。舉例來說，蘋果公司仍然必須設計他們的iPhone、購買原物料、生產產品和販售產品等等。但網絡式商業不同（而且在大部分情況下，網絡式商業都比較好），因為他們用截然不同的角度看待自己的角色和提供的產品。網絡的本質在於，網絡會將市場兩個以上的參與組合連接起來，然後協調市場，為雙方以及市場本身謀取利益。

賈伯斯不是只想把手機賣給顧客而已；在過去，諾基亞和其他保守的管道式供應商一直都是這麼做。賈伯斯意圖**連結**應用程式開發商和應用程式使用者。這跟必發的網絡一樣，他們把想賭這一邊的賭客，和抱持不同看法的賭客連結起來。應用程式開發商不需要知道誰是顧客，也不需要招徠顧客，因為蘋果公司已經擁有潛在的應用程式使用者，也就是所有使用iPhone的人。

蘋果公司有「平台」：手機本身，以及所有相關的智慧財產。平台可以為它的擁有者創造巨大的利潤，也提供了制定平台運作規則的強大手段。蘋果公司決定誰（應用程式開發商）可以使用這個平台，以及應用程式開發商和使用者如何互動。例如，賈伯斯不會讓色情片進入他的平台。

在這些例子當中（必發的博彩交易所和蘋果公司的iPhone平台），其網絡效應使市場產生驚人

更大的成長，也為平台擁有者帶來非凡的利潤成長。這種效應，明確來說，就是每個參與的人都面對更大的市場，以及更多的智慧型手機、應用程式供應商與應用程式使用者。

這是賈伯斯第二次藉由平台商業，大獲成功。第一次是iTunes。回想一下，二〇〇三年音樂產業處在什麼樣的危險狀態。因為Napster和Kazaa等幽靈網站，以非常低廉的價格或免費提供歌曲，CD和其他錄音、錄影產品的銷售額驟然下滑。唱片公司高層主管嚇得要命，想要聯合起來反擊，卻失敗了。在這樣一團混亂和沮喪萬分的情況下，超級樂迷賈伯斯進場了。賈伯斯說，免費下載沒問題，但這些下載檔案不可靠，而且「替這些歌編碼的很多都是『三歲小孩』，他們表現不好」。檔案上架時，沒有專輯藝術，也沒有試聽。「最糟糕的一點是，」他做出結論：「這是偷竊。人最好不要惹上因果報應。」[2]

iTunes商店說服足夠多的唱片公司和藝人參與，開張的時候有二十萬支音檔，統統只要九十九美分就能擁有。跟盜版網站需要十五分鐘相比，從這裡下載只需要一分鐘。iTunes的老闆庫伊（Eddy Cue）大膽預測，他能在六個月內賣出一百萬首歌。實際上，他們只花六天就達成目標。蘋果公司只是擁有平台而已，就賺走總利潤的百分之三十。[3]

從管道到網絡的趨勢，跟80／20法則有什麼關係？

息息相關！從80／20發展到99／1（經過90／10和95／5），有很大一部分，是從傳統管道發展成數位平台。管道（也就是價值鏈供應商，例如諾基亞以及同他們競爭的傳統手機生產者）輸給新的平台供應商。管道。當市場領導者從只有管道的商業模式，變成包含平台的商業模式，80／20毫不留情地受到吸引，朝90／10發展，接著又朝99／1發展。平台除了比管道利潤大上許多，也會因為網絡效應的關係，自然而然發展成壟斷市場。諸如生產者和顧客的每個人，都希望身在最大的網絡圈裡面。

從管道轉換成平台是劃時代的深遠變化，理由有兩個：一、網絡市場通常會變成壟斷或雙頭寡占市場——而且除非法規不允許，要是兩個取得勝利的網絡合併起來，雙頭寡占市場遲早會變成獨占市場。這是贏家通吃的世界，市占率比以前集中許多。

二、與80／20的世界相比，在90／10、95／5、99／1的世界裡，第一名的參與者和第三名之後的參與者之間，差了非常多倍，裂縫變成鴻溝。第三名以降的潛在利潤趨近於零，甚至更少。推翻第一名的希望始終很渺茫。敗陣的人和新加入者的**唯一希望**，是創造一個他們可以主導的**新市場區隔**。

且讓我們計算一下。如果市場裡，一百間供應商有二十間賺走百分之八十的利潤。假設市場

的總利潤為一百元，那就表示，平均來說，這二十名贏家創造八十元的利潤。除以二十，每個人創造四元，相當於每名贏家利潤（二十五分）的十六倍。這是80／20的邏輯，說明為什麼比起底層的百分之八十，躋身前百分之二十會如此有利。

但是當市場轉變成90／10，贏家和輸家之間的差距變成一道鴻溝。讓我們再計算一次。贏家創造總利潤（一百元）的百分之九十，所以他們每個人創造的利潤是九十元除以十，等於每人九元。在此同時，九十名輸家平分剩餘的利潤（現在降到全部只剩十元）。所以輸家的每人平均利潤，是十元除以九十，等於每人一・一一角。因此，個別贏家賺取的利潤，和輸家賺取的利潤相比，是九元除以一・一一角，八十一倍。贏家的利潤現在不是十六倍，而是八十一倍。

而且，隨著90／10變成95／5，再變成99／1，少數幾名贏家和多數輸家之間的差距，在各種實際層面上，都會愈來愈往無限大靠近。在那樣的市場裡，輸家完全沒有空間。贏家最後賺走愈來愈多錢，這些錢可以用來加深他們和其他對手之間的鴻溝。

因為網絡的影響範圍和價值增加，80／20世界以愈來愈快的速度，朝90／10世界的方向發展。結果就是，對利潤、現金流、公司價值，以及贏家和輸家之間的差距，造成無遠弗屆的影響。

80／20世界並不對稱，90／10世界則是極端扭曲，是屬於聯邦星艦企業號上的世界。[4] 假如你覺得這樣過於理論化，我們就多看幾個例子吧：

- 如你所知，亞馬遜起家的時候是一間線上書籍零售商，現已轉型販售各式各樣的商品。這間公司為顧客簡化購物流程，變成一個平台，其他供應商爭相在上面開發亞馬遜的龐大客戶群。亞馬遜可以藉由將更多商品販售給每一名顧客（不只賣書，幾乎什麼都賣），來提升銷售量、加強技能基礎、進一步提高與供應商議價的能力，並且用極低廉的價格販售商品，同時又能降低從事這些活動的成本。

除此之外，亞馬遜不必負擔上市成本，便能行銷新產品，但是對任何新的市場加入者來說，上市成本都很高。每增加一個新的市場，亞馬遜的競爭優勢就會隨之提高，為數眾多的相似對手要追上亞馬遜，變得愈來愈困難——也許根本不可能。隨著時間過去，之後亞馬遜能一點一點拉抬價格，使保有超級競爭優勢，使市場上的利潤一路降到低點。

- Facebook的詳細情形不一樣，來獲取以幾何倍數成長的利潤。線上行銷大師馬歇爾（Perry Marshall）如此解釋：

如果你不掏錢給藍色巨人，付錢請他們幫你推廣，大概只有百分之十的Facebook粉絲會看見你的貼文。那是你能免費獲得的東西。百分之十。你覺得那個數字會提高嗎？

不會。那個數字會變成百分之八，然後變成百分之七，再變成百分之五。永遠不會變成零，但我要告訴你，付錢給社群媒體是未來趨勢。5

想像一下，這對 Facebook 的利潤和使用者的成本，會有什麼影響！

電子商務等於網絡商務嗎？

不等於。要弄清楚這件經常遭人混淆的事：網絡和線上世界是不一樣的東西。有不在網路上的網絡，也有嚴格來說，不算網絡的網路商務。

網絡商務的存在比網際網路早了許久。舉例來說，報紙和雜誌上的分類廣告會幫買方和賣方配對，因為使用者變多，產品和服務的性質也會變好。對所有網絡來說，祕訣就在流動性——買賣雙方愈多，他們和對方做生意的能力就愈強，對每個人都有利。在某些觀察家的想像之中，網絡或平台商務似乎是近期才有的發明，但情形並非如此。用心經營分類廣告的新聞或雜誌也是一種平台。最好的例子，或許是數十年來在英國縱橫二手車買賣市場的《汽車交易者》（Auto Trader）雜誌，由於這是業內位居主導地位的交易網絡，金錢就這樣流向網絡所有者，造就價值連城的經銷業務。

購物中心是另外一個成功得不得了的網絡商務實例。購物中心就是一個連接買方和賣方的平台，當地的買賣雙方愈多，運作起來就愈順暢。

你也許會問，既然可以有不上網的網絡商務，那可以有不是網絡的網路商務嗎？

簡單回答，是的，可以。想一想www.888.com這類線上賭場。這類賭場經營得很成功，但他們沒有展現任何網絡效應，也沒有令這個世界從80／20發展成90／10。這種博弈遊戲像一條管道，賭場裡沒有多名參與者，沒有社群，也沒有顧客提供的資料。從使用者的觀點來看，888有一萬名顧客或一百萬名顧客，一點都不重要；假如888的規模增加一倍，顧客的人數比例也不會因此提高。

若要仔細回答這個問題，會比簡單回答要長一些。像我們這樣，把世界分成管道商務和網絡商務，是一種便利的作法，但這樣會過度簡化網絡商務的重要特性，也就是**網絡商務包含各式各樣展現網絡效應的商業模式**。這個光譜範圍從幾乎沒有、但不至於不存在的網絡效應，一直延伸到具有非常強烈的網絡效應，都包括在內。

我們已經看過網絡效應強大的例子，就是必發、Google搜尋、Facebook、推特、eBay、iTunes和iPhone應用程式商店。在這些例子當中，擁有最大的網絡，好處不可限量，產品和服務的性質也會隨著網絡範圍愈來愈大，變得愈來愈好。結果就是，這門生意不但利潤極高，而且幾乎不會產生競爭壓力（除非有人發明更好的平台）。網絡效應強勁的商業，能毫不費力地從80／20演變成90／10，而且通常會一路發展成99／1。

相反地，點對點（peer-to-peer）的線上借貸業者，如美國的借貸俱樂部（Lending Club），只會展現微弱的網絡效應。乍看之下，你可能會想，貸方愈多，對借方愈有利；貸方愈少，則對借

方愈不利。可是，市場的貸方很容易就會被一間或多間借貸機構給取代；而且取代的可能性或許**會愈來愈高**。只要借款利率不超過任何信貸額度，對借款人來說，網絡規模的大小就不是真的那麼重要。

又或者，想一想TransferWise的例子。這是在愛沙尼亞發展出來、以英國為據點的點對點匯款服務，使用者可以透過這個操作簡便的匯款服務，將錢匯給其他國家、使用不同貨幣的人。點對點這件事，在某種程度上有點虛幻，因為TransferWise做的事，不過就是彙總整體貨幣的流向而已（例如，英鎊換成歐元、歐元換成英鎊），他們用非常有效率的方式，替人們將小額款項匯出。其成功關鍵在於簡單的操作介面，而非點對點這個元素。除非，點對點可以引發連鎖成長。例如，我用TransferWise匯錢給你，把你拉進這個系統，你以後也許就會啟用它的匯款服務。

嚴格來說，連鎖效應**並非**網絡效應。連鎖效應通常是網絡效應的夥伴，但它們是不一樣的東西。連鎖效應令公司快速成長，但不會令產品或服務本身獲得改善；產品或服務不會隨著這個網絡擴大而變得更好。

另一方面，連鎖效應會在某種程度上，幫助市場從80／20發展成90／10的集中程度。最大的參與者可能透過連鎖效應獲得最多的利益，進而發展出規模經濟，使最大參與者的競爭優勢因此提高。相對於小型參與者，大型參與者占據的領先地位，也許會因此愈來愈強，讓領先業者訂出較低廉的價格，加入更好的性能，或者使用更強的力道推銷服務。這是一件好事，但這個情況也

結論

90／10的世界有三股互相牽連、交纏的趨勢，促使市場業務愈來愈集中，尤其是，利潤會集中在愈來愈少的人手裡：

一、網絡活動（特別是利潤很高的活動）有比例愈來愈高的趨勢。
二、網絡市場的趨勢是從80／20發展成90／10，集中程度甚至更懸殊。
三、在任何特定的網絡或以網絡為基礎的公司，會發生交易條件隨著時間過去，而對網絡的

適用於80／20的管道世界。

連鎖效應不能跟**網絡效應**相比，產品或服務效應會隨著**網絡效應**變大，而**自動變得更好**。在網絡效應之下，領導者不需要做任何事，就能享有規模比別人大的一切好處；更重要的是，網絡領導者的產品或服務具有的優勢，會隨著規模變大而增加，令對手難以匹敵。

因此，促使業務集中的關鍵變化不是網路，而是網絡商務，尤其是朝**少數幾家利潤極大、擴張快速**的網絡企業發展的趨勢。儘管如此，現在新興網絡業務大都是線上公司；網路促使人們成立網絡公司並使其倍增，增長速度比網路出現之前來得更快。

在新世界功成名就的實用建議

在網絡事業變大之前把它找出來，對每個人都有很大的潛在利益。如果網絡事業快速成長，領導者取得利基，不管現在規模有多小，這樣的事業都很有可能變大。如果你可以用某種方式善加規畫，就能為網絡事業效力，從頭開始參與，跟著網絡事業一同成長。在快速成長的公司裡，機會多得不得了，因為這些公司在發展過程中會創造機會。在低成長的經濟中，人才通常比職位空缺還多。在快速成長的經濟中則是相反。比如說，微軟、亞馬遜、Google 的前二十名員工，現在幾乎都是百萬富翁，有些還是億萬富翁。你認為，這是因為他們剛好是地球上最有能力的六十個人，人才在同一時間高度集中在某個地方嗎？比較可能的情況是，他們才華洋溢，但也幸運得不得了。

因此：

- 花點時間研究剛開始發展的新網絡和新平台。讓這件事成為一種習慣，每個星期花幾個小

龍斷者或幾近龍斷者愈來愈有利的趨勢。隨著時間過去，顧客（包括消費者和其他企業）會付出更多錢，而那些主導網絡的企業會賺進更多錢。

- 時研究。

- 在你加入新的網絡商務後，要以擁有者的角度去思考。用一點小錢，透過股票選擇權和可能的直接投資，你很有可能成為其中一名擁有者。擁有這間公司非常小的一部分，可以令你致富。要確定你在做令公司成長速度加快的事。把目標放在成為新公司的贏家，你的話要有人聽，而且你要受人尊敬。

- 如果你在投資，可以考慮把注意力放在剛起步的網絡商務上。在平台價值還不明顯之前，在人們明白這個網絡會多有價值之前，就早早進場。

如果我投入職場的時候就知道，成長快速的小型網絡企業會有多棒，我絕對不會去其他類型的公司工作。既然你已經知道了，要不要下定決心這麼做呢？

19 占據80／20未來先機
樂在其中，以少得多

80／20法則精華

一、除了網絡式商務，別作他想。
二、選擇小規模、高成長的公司或組織。
三、只為80／20老闆工作，借助這股力量來推動事業，一展鴻圖。
四、找出你的80／20點子。
五、樂在其中，出奇制勝。

假如你有正確的認識，80／20是美好的未來。假如你不明白正在發生什麼事，那麼80／20的未來不會是舒適愜意的地方，也不會是讓人覺得熟悉的領域。對於在大型組織的世界長大的人來說，新的80／20網絡世界可怕得不得了。我們以前相信，世界通常是公平、可預測的。

在新的世界裡，付出的努力和獲得的回報，兩者的差距會愈來愈大——這個世界屬於少數成功「命令與控制」他人的巨擘，在這裡，非正式網絡愈來愈普遍，文憑不見得能讓人找到好工作，獲得安全的唯一途徑，就是享受不斷改變的不安全性；在這裡，通往財富和美好人生的道路，向每個人展開雙臂。然而，在力求上進的森林和平庸的泥淖之中闖蕩，不去開闢屬於自己的道路，這扇門就會關上。

80／20的未來輪廓不明、自相矛盾、難以捉摸、隱而微之。重點不光是你要讓它成為什麼樣的未來，怎麼定義也很重要。80／20的未來不會自己表態，而是躲藏起來、高深莫測，要由你來破解和描述。它由你**創造**——原物料都在，但成品還沒組裝好，必須自己動手組裝。你和你的團隊製造出來的成品，不會跟我和我的團隊製造出來的成品一樣。這絕對是件好事。成功和快樂的途徑多得不得了，但你要挖掘，使其顯露出來。大部分人會覺得實在難以理解，尤其是形式風格已定或年紀稍長的人士。

你的80／20未來是個完全沒有經過描繪的領域——富有挑戰性，而且激勵人心、使人期待。這個未來之所以沒有經過描繪，是因為它存在於你自己的心中，也存在於跟你最親近的朋友和同事心中——除此之外，別無他處。80／20未來神祕難解、模糊不清。這個神奇的未來，要用想像和遠見來點燃，並創造推進的動力。你要對看不見的事物抱持信念——80／20未來會因為一個偉大的點子而化為現實，要不問原因且狂熱地相信這個點子，執行時要同時具備熱情與理

建議一：只在網絡中工作

第十八章說未來是屬於網絡的，所以，除了網絡式商務，別作他想。這是最重要的一點建議，你要享受80／20的未來，就一定要聽從這個建議。網絡會提供正反饋——有名的會變得更有名，有錢的會變得更有錢，領頭的公司通常會實際壟斷市場，有技術的專業人才則會超前缺乏經驗的對手愈來愈多。

從網絡中可以看出80／20法則正在狂飆。在各種商務當中，網絡商務創造出來的，但大部分金錢都是網絡商務創造出來的。如果你只從事網絡商務，就能夠掌握先機，隨著80／20未來向前展開，而將領導地位一年一年延續下去。

占據先機，還是遭受阻礙，操之在你。

第四部 80/20 的未來

性、瘋狂與洞見，不要因為眼前沉悶的現實，而將這個點子拒於門外。

沒有人可以用從前60／40或65／35世界的方法，在未來80／20或99／1的世界成功。但我們有80／20法則，可以用它當作推斷的依據——只要有想像力和決心，這個方針在新的世界就會非常有效。本章內容不多，依然符合80／20法則中必須善於取捨的根本。我將在這一章，告訴各位我從四十年的研究當中，發現哪五點最有效的建議。

建議二：小規模，高成長

在網絡商務的宇宙裡，你可以選擇加入其中一名已經成功的贏家——亞馬遜、Google、Facebook、優步（不是當司機，而是在總部工作）。但是那樣做並不聰明，你加入派對的時間太晚，享受不到什麼樂趣。

最值得加入的網絡事業，是剛起步且正在成長的事業。那樣一來，你和你的能力可以同時成長茁壯——這是另一個正反饋機制。你在最有利的位置起跑，並在前進的過程中學習。沒有人知道自己在做什麼，而且你能檢驗什麼東西最有效，比所有人早一步掌握消息，這多麼令人興奮。

重點不只是金錢。我創立公司、在公司裡做事、投資公司，在整個過程中，我覺得最有趣的一段時期，是公司規模還很小，但成長速度超快的時候——貝恩策略顧問公司、艾意凱諮詢公司(L.E.K. Consulting)、貝爾戈、必發，以及現在的 Auto1 平台，都屬於這段時期。每年百分之四十到三百的成長率，會令你覺得自己身在世界之巔。這些公司知道其他公司所不知道的東西，其中的個人成長和滿足感，要經歷過的人才會曉得。你會有癮頭，但它只會為你帶來好的副作用。我一直在尋找下一個每年以倍數成長的小公司。

建議你要爭取加入員工不到一百名、營收每年成長至少三成的公司——最好是少於二十名員工，營收至少每年翻一倍。

建議三：只為80／20老闆工作

什麼是80／20老闆？就是在有意識的情況下，或在無意之間，遵循80／20法則做事的人。你可以從他們的工作情形來判斷：

- 他們把注意力放在非常少的事情上——這些事會為客戶以及他們的老闆（如果他們還有頂頭上司的話。希望這是暫時的安排，因為最厲害的80／20老闆，在本質上不會受制於他人）帶來**巨大**的差別。
- 他們快速進場。
- 他們很少時間不夠，從來不會心煩意亂。他們通常處在放鬆和快樂的狀態，不是工作狂。
- 他們會因為下屬某幾樣有價值的**產出**而看重下屬，不會去注意時間和辛勞這類**投入**的因子。
- 他們花時間向你解釋他們正在做的事情，以及這麼做的理由。
- 他們鼓勵你專心做少費力氣、獲得最大成果的事。
- 他們在你做出成績的時候稱讚你，但失敗的時候，他們會給你有建設性的批評——並且建議你別再做不重要的事，或是用更有效的方式做重要的事。
- 他們相信你的時候，會放手讓你去做，並鼓勵你需要協助時，向他們求援。

擁有80／20老闆為何至關重要？

80／20老闆是你的楷模。如果你替他們做事時表現良好，他們會讓你承擔非比尋常的重責大任，如此一來，你就會接下他們的工作，愈接愈多。他們會教你用同樣的方式對待你的下屬。此外，80／20老闆升遷時，你也很有可能一起升遷。如果他們跳槽，可能會帶你一塊過去。所有成就非凡的人，不管他們在哪個領域，不管他們身在商場、體育界、娛樂圈，還是學術界，都在某個階段遇過這樣一位老闆。

要在任何領域獲得動力都很困難，但借力使力很簡單。所以，在你自己的動力產生之前，不妨先借助老闆的力量。

比起創造自己的起步動力，跟著別人快速進場的氣流一起上升，要容易多了。所以，起步時替誰工作，比你是誰或者做什麼，都要來得重要。重點不在於你，老闆才是關鍵。

你有80／20老闆嗎？如果沒有，趕快找一個吧，你的職業生涯會因此一飛沖天。

建議四：找出你的80／20點子

在每個存活下來的企業背後，都有一個獨特的點子——服務顧客的方式至少要跟其他公司有點不一樣。**出色**的公司和他們的點子，則與旁人**截然不同**。這個點子可以是為顧客提供無可匹

的價格，也可以是無人能及的產品或服務。不管哪一種，都能從少許的付出獲得可觀的成果。這是80／20的點子。

80／20點子的範圍不限於商業。每一個偉大的理想、每一次社會運動、每一個成功的組織或機構，都有一個很棒的80／20點子潛伏其中──因為這個點子讓人付出最少的精力，卻產生了不起的成果，所以它具有爆發力。一八〇七年，美國和大英帝國廢止奴隸交易──大英帝國對進行奴隸交易的船長處以罰款，每一名奴隸罰一百二十英鎊（總金額非常可觀），而且英國皇家海軍成立特殊單位，在非洲海岸巡邏，逮捕從事奴隸交易的人。一八三四年，大英帝國的所有奴隸都恢復自由了。奴隸制度是一種非常可怕的制度，對奴隸來說很糟糕，但它對擁有奴隸的人來說也是一顆毒瘤，會貶低這些人的人格，而且這是極度缺乏效率的經濟體系。廢止奴隸制度的效益，除以成本得到的商數是無限大。

在我有生之年，美國民權運動和南非廢除種族隔離制度，也產生了無法估量的益處，卻幾乎沒有發生種族隔離主義者預言的極端不利狀況。站在所有真實而美好的理想這一邊，任何人都能達成這件了不起的任務。像這樣的理想，符合典型的80／20法則，不僅是受壓迫者、連解救他人的人和說真話的人，都能從中獲得極大的好處。沒有什麼比爭取正義之後有明確的受惠者，令人感覺更好了。

如果你想過得開心並擁有善的力量，那麼在你的職涯和人生的每個階段，都應該加入一個推

動80／20點子的團體——這個點子運用少許的生命能量和有限資源，就能讓顧客或百姓擁有更豐富的人生。

建議五：樂在其中，出奇制勝

不管是格格不入，還是一個蘿蔔一個坑，站在原地不動的人在80／20的未來都沒有位置。那裡沒有格子和坑洞，也沒有既定的角色，這些都不能令你成為焦點，無法讓網絡從你這裡散射出去。對我們這些過去總是依靠組織來找到人生目標的人，風景已經大不相同。

除了軍隊和其他少數幾個糟糕的必要組織之外，個人不再需要套用什麼範本——再會了，工業心理學家！在80／20的未來裡，為自己和他人效力的最佳方式，就是發明自己的範本。做哪些事情，然後成為什麼樣的人，這一點大家殊途同歸，但依照自己是什麼樣的人，去做什麼樣的事情，每個人都不一樣。如果能配合自己的制勝優點，發明一套屬於自己的公式，就是以少得多的最佳方式。

你懂了嗎？你已經做到了嗎？你正在那麼做嗎？

大部分的人，甚至大部分正在讀這本宣揚個人獨特性的書籍的人，都還不是完全明白這個概念。就連我都不確定自己明白了。這個概念能讓我們自由，但與我們的文化和工作習慣大相逕庭。

不要弄錯了。80／20未來需要和鼓勵的是獨特性。80／20未來不鼓勵苦幹實幹、唯命是從、耍手段、妥協，以及所有受過訓練的好員工所展現的必要特質。相反地，獨樹一格的創新者會在80／20未來獲得回報。

可是，只有獨特性還不夠。如果這樣就夠了，那我們只要培養稀奇古怪的特質就行了，不必煩惱自己對別人有多少價值。舉凡藝術家、作家、藝人，就某些行業來說，擁有古怪特質或許就夠了，至少辭世以後是如此——據悉梵谷在世時只賣出兩幅畫，而馬克思在倫敦海格的葬禮幾乎沒人參加。但不可否認，獨特性讓我們用最省力的方式創造最可觀的成果。

「最省力」的意思很好懂。我要在這裡稍微說明一下。我們都有花很多時間做不太喜歡的工作或專案的經驗。沒有什麼比這件事更讓我們喪失生命的活力。它會抽乾我們的創意，甚至耗盡我們平常具有的恢復能力和樂觀心態。我在波士頓顧問集團的工作就是這樣，快三十歲的時候，我在那個工作崗位待了痛苦而漫長的四年，差點把我給毀了。

相反地，如果這是一份我們在負擔得起的情況下，就算沒收錢也做得很開心的工作，而且有些幸運的傢伙薪水還很高。我們也許花很多時間做清楚這個專案做起來會有多開心——而且有些幸運的傢伙薪水還很高。我們也許花很多時間做這份工作，但就像大家說的，這是甜蜜的負擔。它不會讓我們喪失生命的活力，而是注入活力。所以，即便大家都說時間不夠，但我們一定要時時記得，我們真正缺少的東西不是時間。幾乎所有人都不夠用的東西，完全是另一回事——我們缺少的是**快樂**。

所以，我說「最省力」，真正的意思是「不要做任何會令你不快樂的事情」。如果這件事使你快樂，就不會減損你的活力，當然棒得不得了。我們必須找出熱愛之事，這件事必須要有別人欣賞，願意為此付出——付錢、給予讚賞或愛，都可以。我們真的都需要擁有這些東西，因為我們不能只靠金錢生活，也不能只靠愛生活——除非我們是一隻可愛的小狗。

要找出我們可以做、別人欣賞，同時又令我們快樂、不讓寶貴的有限資源枯竭的事情，也許要窮盡一生才找得到。不過，讀完前面幾段文字，或許已經對你有所幫助。或許，你其實知道答案。又或許，你可以問問你的潛意識，等上幾個小時或幾天，讓潛意識來告訴你。

我們在任何時候都有可能偶然遇到棒得不得了的80／20人生公式，讓我們將這段期間拿來做我們喜歡的事。如果我們用對的方式思考，不斷尋找獨一無二的處世之道，就更有可能辦到。把下面這句話當成座右銘，時時放在眼前吧——**樂在其中，出奇制勝**。讓自己成為一個能為顧客和身邊的人帶來美好事物的人，就能令這個世界變得更好。

既然如此，我們要怎麼理解80／20世界呢？雖然這個世界極富挑戰性，它絕對是件好事。80／20未來與奴隸社會正好相反，它與整齊畫一的工業社會性質不同且更勝一籌，正在取而代之。透過我們獨一無二的意志力，只要少許的付出，就能產生了不起的成就，這是多麼令人振奮的事。每一個活在80／20世界裡的人要做的工作，就是發揮獨一無二的知識和洞見，並樂在其

中，以省力的付出來獲取可觀的成果。這個美好的未來，在本質上屬於個人，但也和社會息息相關。願我們都能對此體會至深。

結語

糟糕的習氣會跟好的習慣一樣自我實現，放下懷疑和悲觀，恢復你對進步的信心吧。要知道，未來就在這裡──在少數亮眼的例子中，在農業事務上，在產業、服務、教育，在人工智慧，在醫學、物理學和所有的科學，甚至社會和政治實驗裡；過去無法想像的目標已經被超越了，而新的目標就像彩虹糖一樣，不斷落下。

請將80／20法則牢記在心裡。進步總是來自少數的人和有組織的資源，他們的表現顯示，前人眼中的頂級，是下一階段的地基。進步需要菁英，但菁英為榮譽和服務社會而活，菁英願意讓我們運用他們的天賦。進步有賴於見識超凡卓越的成就，以及向外傳播成功的事蹟；在於打破多數既有利益塑造的框架；在於要求少數特權人士享有的標準，適用於所有人。

蕭伯納告訴我們，進步在於提出不合理的要求，這一點最為重要。每件事情，都要找出產生八十分結果的二十分力量，並加以利用，促使我們珍視的事物倍增。假使我們想要達到的目標老

是超出能力範圍，就要向少數人的成就看齊，使其成為所有人的最低標準，這樣才會進步。

80／20法則最棒的一點在於，你不需要等所有人都到齊。你可以在你的工作和生活中開始實行。拿出自己最棒的成就、快樂和服務，分一點給別人，並且將它們變成生命的一大部分。高峰經驗可以倍增，多數低潮都可以刪去。你能找出多數無關緊要的低價值活動，開始蛻去這層無用的皮。你能依所花的時間和精力來衡量，分辨是哪些性格、工作方式、生活方式和人際關係，帶給你極高的價值，遠勝過日常生活裡的消磨。找到之後，你就可以用無比的勇氣和決心，將這些人事物放大。你會變成更棒、更有用、更快樂的人，而且也能幫助別人做到。

註釋

第 1 章 暖身——歡迎來認識 80／20 法則

1. Josef Steindl (1965) Random Processes and the Growth of Firms: A Study of the Pareto Law, London: Charles Griffin, p 18.

2. 在相關研究中，蒐羅許多提及 80／20 法則的短文——多半將其稱為 80／20 規則（80/20 Rule）——但不見一本以 80／20 法則為主題的書籍。如果真的有一本討論 80／20 法則的書，或是以此為研究主題的未出版論文，請讀者諸君務必告訴我。有一本書，雖非真正討論 80／20 法則，卻喚起了大家對這個法則的重視。科特（John Cotter）撰寫的《The 20% Solution》(Chichester: John Wiley, 1995)，在前言提供正確答案：「找出那百分之二十的行為，會在未來替你帶來多數成就，然後把時間和精力集中在這百分之二十上」(第 xix 頁)。科特不過是在前言提了一下帕列托（第 xxi 頁），內文中完全未再說起帕列托其人與 80／20 法則，而且「帕列托」甚至沒有出現在索引裡。科特和許多作家一樣，誤將 80／20 這個公式出現的時代往前追溯到帕列托：「帕列托是一位法國裔經濟學家，他在一百年前觀察到，在多數情況下，百分之二十的因素會導致百分之八十的後果。」（亦即，公司的百分之二十的顧客，會產生百分之八十的利潤。）他將此稱為「帕列托法則」

3 （第xxi頁）。實際上，帕列托從未使用「80/20」或其他類似的表達方式。他其實稱自己的「法則」為數學公式（另見註釋4），雖然這是80/20法則的源頭，它跟我們今天知道的80/20法則有所差異。

4 Vilfredo Pareto (1896/7) *Cours d'economie politique*, Lausanne University. 儘管一般均誤以為帕列托使用了「80/20法則」，但事實上，他沒有用這個名詞來討論所得不平衡的現象，也沒有將這個詞用在任何地方。雖然從他複雜的計算中，的確可以導出這樣一個80/20的結論，他甚至沒有簡單地指明，百分之八十的收入集中在百分之二十的工作人口。帕列托發現的是，所得最高的族群與他們所得總額之間，有一個不變的關係，呈現出一個規律的對數模式，而且在不同的時間取得的資料，畫出的分布圖都是相似的形狀。這一點，令帕列托和他的擁護者大為振奮。帕列托的等式如下：

$\log N = \log A + m \log x$

（N代表所得高於x的人數，A與m都是常數。）

5 此處應強調，這不是帕列托本人所做的結論，而且可惜的是，也不是好幾世代以來，擁護他的人所做的結論。這是一個從他的方法中歸納得出的合理推論，它比帕列托所做的解釋來得易懂。

6 哈佛大學特別著迷於帕列托這項理解。除了吉普夫教授在哲學領域的影響力，哈佛經濟系的研究人員表現出對帕列托法則的衷心支持。這個現象的最佳解釋，請見帕列托的文章，出處為：*Quarterly Journal of Economics*, Vol LXIII, No 2, May 1949 (President and Fellows of Harvard College)。

7 有關吉普夫教授的法則，詳細說明請見：Paul Krugman (1996) *The Self-Organizing Economy*, Cambridge, MA: Blackwell, p 39。

8 Joseph Moses Juran (1951) *Quality Control Handbook*, New York: McGraw-Hill, pp 38-9. 此為初版，僅七百五十頁，最新版本超過兩千頁。請注意，雖說朱蘭明確提及「帕列托法則」並切中要點，但初版完全沒有使用「80/20

9 這個詞。

10 Paul Krugman，前揭書，註釋7。

11 Malcolm Gladwell (1996) The tipping point, *New Yorker*, 3 June.（最新中文版《引爆趨勢》，時報，二〇一五年）

12 同前註。

13 James Gleik (1987) *Chaos: Making a New Science*, New York, Little, Brown.（最新中文版《混沌：不測風雲的背後》，天下文化，二〇一六年）

14 參見W Brian Arthur (1989) Competing technologies, increasing returns, and lock-in by historical events, *Economic Journal*, Vol 99, March, pp 116-31。

15 'Chaos theory explodes Hollywood hype', *Independent on Sunday*, 30 March 1997.

16 George Bernard Shaw, quoted in John Adair (1996) *Effective Innovation*, Pan Books, London, p 169.

第2章 行前訓練——不平衡現象的思考與分析

1 作者的計算結果，根據為Donella H Meadows, Dennis L Meadows and Jorgen Randers (1992) *Beyond the Limits*, London: Earthscan, pp 66f。

2 作者的計算結果，根據為Lester R Brown, Christopher Flavin and Hal Kane (1992) *State of the World*, London: Earthscan, p 111。其根據為Ronald V A Sprout and James H Weaver (1991) *International Distribution of Income: 1960-1987*, Working Paper No 159, Department of Economics, American University, Washington DC, May。

3 Health Care Strategic Management (1995) Strategic planning futurists need to be capitation-specific and epidemiological, *Health Care Strategic Management*, 1 September.

4 Malcolm Gladwell (1996) The science of shopping, *New Yorker*, 4 November.
5 Mary Corrigan and Gary Kauppila (1996) *Consumer Book Industry Overview and Analysis of the Two Leading Superstore Operators*, Chicago, Ill: William Blair & Co.

第3章 早就不是祕密──從戴明與朱蘭談起

1 Joseph Moses Juran，前揭書（參見第一章，註釋8），頁38-39。
2 Ronald J Recardo (1994) Strategic quality management: turning the spotlight on strategies as well as tactical issues, *National Productivity Review*, 22 March.
3 Niklas Von Daehne (1994) The new turnaround, *Success*, 1 April.
4 David Lowry (1993) Focusing on time and teams to eliminate waste at Singo prize-winning Ford Electronics, *National Productivity Review*, 22 March.
5 Terry Pinnell (1994) Corporate change made easier, *PC User*, 10 August.
6 James R Nagel (1994) TQM and the Pentagon, *Industrial Engineering*, 1 December.
7 Chris Vandersluis (1994) Poor planning can sabotage implementation, *Computing Canada*, 25 May.
8 Jeff Holtzman (1994) And then there were none, *Electronics Now*, 1 July.
9 MacWeek (1994) Software developers create modular applications that include low prices and core functions, *MacWeek*, 17 January.
10 Barbara Quint (1995) What's your problem?, *Information Today*, 1 January.
11 參見Richard Koch and Ian Godden (1996) *Managing Without Management*, London: Nicholas Brealey, especially Chapter 6, pp 96-109。（中文版《沒有管理的管理》，晨星，一九九八年）

12 Peter Drucker (1995) *Managing in a Time of Great Change*, London, Butterworth-Heinemann, pp 96f.

13 Richard Koch and Ian Godden，前揭書（參見註釋12）；參見第六章以及第177頁。

第 5 章　單純就是美──複雜為浪費之母

1 Henry Ford (1991) *Ford on Management*, intr. Ronnie Lessem, Oxford: Blackwell, pp 10, 141, 148. 再版為 Henry Ford (1922) *My Life and Work* and (1929) *My Philosophy of Industry*。

2 Gunter Rommel (1996) *Simplicity Wins*, Cambridge, MA: Harvard Business School Press.

3 George Elliott, Ronald G Evans and Bruce Gardiner (1996) Managing cost: transatlantic lessons, *Management Review*, June.

4 Richard Koch and Ian Godden，前揭書（參見第三章，註釋12）。

5 Carol Casper (1994) Wholesale changes, *US Distribution Journal*, 15 March.

6 Ted R Compton (1994) Using activity-based costing in your organization, *Journal of Systems Management*, 1 March.

第 6 章　最重要的客人──某些顧客永遠是對的

1 Vin Manaktala (1994) Marketing: the seven deadly sins, *Journal of Accountancy*, 1 September.

2 我們很容易忘記，二十世紀初的幾位重要工業鉅子，以他們的能力和理想主義的眼光，成就了社會轉型。這些工業鉅子推崇繁榮，主張眼前的貧窮雖是普遍現象，卻一定可以消弭。例如，福特說過：「以消弭更窮凶極惡的貧苦為己任，欲達此實不難也。大地資源如此豐富，衣食可以無虞，工作休閒可以不缺。」參見 Henry Ford (1991) *Ford on Management*, intr. Ronnie Lessem, Oxford: Blackwell, pp 10, 141 and 148. 感謝伊萬‧亞歷山大（Ivan Alexander）為我提供大作《The Civilized Market》(Oxford: Capstone, 1997) 的書稿，這個觀點以及其他我援引的看法，來自該書第一章（參見註釋3）。

3 參見 Ivan Alexander (1997) *The Civilized Market*, Oxford: Capstone。

4 引述自 Michael Slezak (1994) Drawing fine lines in lipsticks, *Supermarket News*, 11 March。

5 Mark Stevens (1994) Take a good look at company blind spots, *Star-Tribune* (Twin Cities), 7 November.

6 John S Harrison (1994) Can mid-sized LECs succeed in tomorrow's competitive marketplace?, *Telephony*, 17 January.

7 Ginger Trumfio (1995) Relationship builders: contract management, *Sales & Marketing Management*, 1 February.

8 Insurance agency consultant Dan Sullivan, 引述自 Sidney A Friedman (1995) Building a super agency of the future, *National Underwriter Life and Health*, 27 March。

9 許多探討特定企業和產業的文章可證實這點,舉例來說,可參見 Brian T Majeski (1994) The scarcity of quality sales employees, *The Music Trades*, 1 November。

10 Harvey Mackay (1995) We sometimes lose sight of how success is gained, *The Sacramento Bee*, 6 November.

11 The Music Trades (1994) How much do salespeople make?, *The Music Trades*, 1 November.

12 Robert E Sanders (1987) The Pareto Principle, its use and abuse, *Journal of Consumer Marketing*, Vol 4, Issue 1, Winter, pp 47-50.

第7章 另外四大運用──決策・庫存・專案・談判

1 Peter B Suskind (1995) Warehouse operations: don't leave well alone, *IIE Solutions*, 1 August.

2 Gary Forger (1994) How more data + less handling = smart warehousing, *Modern Materials Handling*, 1 April.

3 Robin Field, Branded consumer products, in James Morton (ed.) (1995) *The Global Guide to Investing*, London: FT/Pitman, pp 471f.

4 Ray Kulwiec (1995) Shelving for parts and packages, *Modern Materials Handling*, 1 July.

第 9 章 少做多賺多享受——以享樂為生活企圖

1. 這個說法來自亞歷山大（前揭書，第二章），我厚著臉皮，將他對進步的看法直接挪用過來。

2. 參見 Ivan Alexander (1997) *The Civilized Market: Corporations, Conviction, and the Real Business of Capitalism*: Oxford, Capstone, p 28。前段提到的亞歷山大說得好：「今日我們已明白，地球資源有時盡，但我們在另一新空間開發了別的機會，這片空間精巧而豐饒，蘊藏無限商機。貿易、商業、自動化、機器人工業、資訊工業等，是一片無邊際的機會之疆域。人類歷史迄今所發明的機器中，電腦為最不受空間限制者。」我對進步的看法，有一大部分借用了亞歷山大的觀念。

第 10 章 存在以快樂為目的——兩種方法，七大習慣

1. 出自 Daniel Goleman (1995) *Emotional Intelligence*, London: Bloomsbury, p 179。(中文版《EQ》，時報，一九九六年。)

2. 參見 Dr Dorothy Rowe (1996) The escape from depression, *Independent on Sunday* (London), 31 March, p 14。引述自 In the Blood: God, Genes and Destiny by Professor Steve Jones (London: HarperCollins, 1996)。

3. Dr Peter Fenwick (1996) The dynamics of change, *Independent on Sunday* (London), 17 March, p 9.

4. Ivan Alexander，前揭書（參見第六章，註釋 2），第四章。

5. Michael J Earl and David F Feeny (1994) Is your CIO adding value?, *Sloan Management Review*, 22 March.

6. Derek L Dean, Robert E Dvorak and Endre Holen (1994) Breaking through the barriers to new systems development, *McKinsey Quarterly*, 22 June.

7. Roger Dawson (1995) Secrets of power negotiating, *Success*, 1 September.

5. Daniel Goleman，前揭書（參見註釋1），頁34。
6. 同前註，頁36。
7. 同前註，頁246。
8. 同前註，頁6–7。
9. Dr Peter Fenwick，前揭書（參見註釋1），頁10。
10. Daniel Goleman引述自前揭書（參見註釋1），頁87。
11. 同前註，頁179。
12. 關於這一點，我要謝謝一位朋友巴特立思（Patrice Trequisser）是他告訴我80／20法則的重要表現形式：你可以一見鍾情，在瞬間墜入愛河，而此影響力在你此後的生命中始終重要。在這件事上，他一定不會接受我的質疑，因為他在近三十年前一場邂逅中對一名女子一見鍾情，兩人結褵多年，至今恩愛。但是當然，他是法國人。
13. Ed Diener (2005) Income and happiness, http://www.psychologicalscience.org/observer/income-and-happiness, 24 April 2005, pp 1–2.
14. Betsey Stevenson and Justin Wolfers (2013) Subjective wellbeing and income: is there any evidence of satiation?, NBER Working Paper 18992, Cambridge, MA, https://www.nber.org/papers/w18992, April 2013, Abstract (p 0) and p 16.

第11章　放下管理，進行革命——時間真的不夠用嗎？

1. 引述自 *Oxford Book of Verse* (1961) Oxford: Oxford University Press, p 216。
2. 關於時間管理的準則，最好、最先進的指南為 Hiram B Smith (1995) *The Ten Natural Laws of Time and Life Management*, London: Nicholas Brealey。Smith用很多篇幅談論富蘭克林公司，較少提及他們的摩門教色彩。

3 Charles Handy (1969) *The Age of Unreason*, London: Random House, Chapter 9. 另外參見 Charles Handy (1994) *The Empty Raincoat*, London: Hutchinson。

4 參見 William Bridges (1995) *JobShift: How to Prosper in a Workplace without Jobs*, Reading, MA: Addison-Wesley/London: Nicholas Brealey。Bridges 的主張很有說服力,他認為大型組織內的全職工作將愈來愈不普遍,「工作」(job)一詞將回歸到原始的「任務」(task)之意。

5 Roy Jenkins (1995) *Gladstone*, London: Macmillan.

第13章　朋友不在多——村莊理論的啟發

1 Donald O Clifton and Paula Nelson (1992) *Play to Your Strengths*, London: Piatkus.

2 J G Ballard (1989)的採訪報導,出自 *Re/Search magazine* (San Francisco), October, pp 21-2。

3 基督教得以興盛,使徒保羅厥功甚偉,其功勞甚至可能居於耶穌之上。由於保羅之故,羅馬人開始以較友善的態度看待基督教。本來,包括彼得在內的大部分使徒,都強烈反對保羅將基督教傳入羅馬,但若無保羅排除這些壓力,打定主意將基督教傳入羅馬,也許基督教只會是一支邊緣的教派,無法流傳開來。

4 參見 Vilfredo Pareto (1968) *The Rise and Fall of Elites*, intr. Hans L Zetterberg, New York: Arno Press。本書最初於一九〇一年以義大利文出版,書中引言精闢點出帕列托早期進行的社會學研究。將帕列托描述為「中產階級的馬克思」,這句話出自一九二三年一份社會主義的通訊刊物《Avanti》,上面登了帕列托的訃聞。以這句話描述帕列托,等於間接恭維其人。事實上,帕列托和馬克思一樣,強調階級和意識形態會主導人的行為。

5 音樂和視覺藝術或許除外。不過,即便在這些領域當中,合作夥伴也可能比一般所認知的要來得重要。

第14章 懶人成功法──培養有創造力的懶惰

1. 參見 Robert Frank and Philip Cook (1995) The Winner-Take-All Society, New York: Free Press。（中文版《贏家通吃的社會》，智庫，二〇〇四年）這本書沒有使用80／20法則這個名詞，但很明顯談的是像80／20這樣的定律，他們探討了這種不平衡酬勞之下隱藏的浪費。另參見《經濟學人》(The Economist, 25 November 1995, p 134) 一篇評論本書的文章。我在本章大量援引該書評的論點。此文指出，一九八〇年代初期，芝加哥大學經濟學家 Sherwin Rose 寫了好幾篇文章，討論與頂尖人物有關的經濟學。

2. 參見 Richard Koch (1995) The Financial Times Guide to Strategy, London: Pearson, pp 17-30。

3. G W F Hegel, trans. T M Knox (1953) Hegel's Philosophy of Right, Oxford: Oxford University Press.

4. 參見 Louis S Richman (1994) The new worker elite, Fortune, 22 August, pp 44-50。

5. 這趨勢是「管理之死」的一個支流。認為管理已死的觀點，視經理人為累贅，唯有真正做事的人，在有效率的企業裡才有一席之地。參見 Richard Koch and Ian Godden，前揭書（參見第三章，註釋12）。

第15章 投資十誡──以錢滾錢非難事

1. Pareto，前揭書。

2. 參見 Janet Lowe (1995) Benjamin Graham, The Dean of Wall Street, London: Pitman。

3. 編註：這是作者依據國外市場情況所得的建議，不全適用於台灣市場。

4. 除了歷史本益比（以去年公布的盈餘計算）還有未來本益比（以股市分析預估的未來盈餘計算）。經驗豐富的投資人應將未來本益比納入考量，但未來本益比也有潛在風險，因為預估收益或許不會實現（其實，通常不會實現）。有關本益比的詳細討論，見 Richard Koch，前揭書（參見註釋1），頁108-112。（編註：但在台灣，情況略有不同。證交所依去年每股稅後

第16章 直覺力——開發你的潛意識力量

1 引述自 Joseph Murphy (1963, 2007) *The Power of Your Subconscious Mind*, Radford, VA: Wilder Publications, p 29。(中文版《潛意識的力量》,印刻,二〇〇九年;《心想事成》,希代,二〇〇〇年;《想有錢就有錢》,網路與書,二〇一六年)

2 引述自 Leonard Trilling (1972) *Sincerity and Authenticity*, Cambridge MA: University of Harvard Press, p 5。

3 Henri F Ellenberger (1970, 1981) *The Discovery of the Unconscious: The History and Evolution of Dynamic Psychiatry*, New York: Basic Books. (中文版《發現無意識》,遠流,二〇〇三年)

4 Sigmund Freud (1927, 1990) *The Question of Lay Analysis*, New York: W W Norton & Co.

5 Carl Jung (1964, 1997) *Man and His Symbols*, Brooklyn, New York: Laurel Press, p 37.

6 資訊揭露：我與史塔福德有契約關係,但我目前並未參與 9others。

7 我推薦閱讀以下書籍：Peter Thiel 的 *Zero to One*(中文版《從0到1》,天下雜誌,二〇一四年)、Jason Calacanis 的 *Angel*(中文版《天使歷險記》,一起來出版,二〇一九年)、Brad Feld 以及 Jason Mendelson 的 *Venture Deals*(中文版《創業投資聖經》,野人,二〇二一年)另外假使你對看資產負債表沒信心,我推薦你閱讀 Anthony Rice 的 *Accounts Demystified*,書中有清楚的解說。網路上也可以取得許多有關天使投資的寶貴資料。

5 編註：關於追蹤指數這一段的敘述,是國外的操作情形。以電腦套裝軟體程式設計,定出指數的基準點,根據這基準來買賣。

純益來估算目前股價本益比,這可說是去年本益比。而各公司往往會在每年第一季,提出預估營業額的成長,以此預估今年本益比,反映股價。另外,有些法人會提出幾年後的未來本益比,但這通常不盡有利。本益比雖說是重要參考,但也不應是唯一指標。)

6 Marshall McLuhan (1964, 1993) *Understanding Media: The Extensions of Man*, London: Routledge.（中文版《認識媒體：人的延伸》，貓頭鷹，二〇一五年）

7 Joseph E LeDoux (1996) *The Emotional Brain: The Mysterious Underpinnings of Emotional Life*, New York: Simon & Schuster, p 302.（中文版《腦中有情——奧妙的理性與感性》，遠流，二〇〇一年）

8 H A Williams (1965, 1968) *The True Wilderness*, Harmondsworth: Pelican/Penguin, p 67.

9 Emile Coué (1922) *Self-Mastery Through Conscious Autosuggestion*, New York: American Library Service; 亦可至 www.openlibrary.org.

10 Harry W Carpenter (2011) *The Genie Within-Your Subconscious Mind: How It Works and How to Use It*, Fallbrook, CA: Harry Carpenter Publishing, p 74.（中文版《精進潛意識：砍掉你的隱形負思維，奪回命運自主權》，大寫，二〇一八年）

11 Nancy C Andreasen (2006) *The Creative Brain: The Science of Genius*, New York: Plum, p 44.

12 Alan J Rocke (2010) *Image and Reality: Kekulé, Kopp, and the Scientific Investigation*, Chicago: University of Chicago Press.

13 John Reed (1957, 2013) *From Alchemy to Chemistry*, Mineola, NY: Dover Publications, pp 179–80.

14 除了瓦特以外，文中幾位科學家的事蹟，請見Joseph Murphy，前揭書，頁80–82。有人懷疑，這些故事之中，有一些真實性存疑、經過美化，或者是科學家本身編造的故事——但許多故事的可能性很高，而且這些科學家必定以某種方式，將他們的潛意識派上用場。

15 Thomas S Kuhn (1962, 2012) *The Structure of Scientific Revolutions*, Chicago: University of Chicago Press, p 90（括號內乃另外附加的文字）。（中文版《科學革命的結構》，遠流，二〇一七年）

16 David Brooks (2011) *The Social Animal*, New York: Random House, pp 244–5.（中文版《社會性動物》，商周，二〇

17 引述自 Charles Taylor (1989) *Sources of the Self: The Making of the Modern Identity*, Cambridge: Cambridge University Press, p 301。

18 《腓利門書》第四章第八節。

19 譯註：出自康德的名言，「以人性這種彎曲的木材，造不出什麼直的東西來。」

20 以下是最優秀、最深入淺出的神經科學最新研究著作：Timothy D Wilson (2002) *Strangers to Ourselves: Discovering the Adaptive Unconscious*, Cambridge, MA: The Belnap Press of Harvard University Press(中文版《佛洛伊德的近視眼——適應性潛意識如何影響我們的生活》，張老師文化，二〇〇六年)；Leonard Mlodinow, *Subliminal: The New Unconscious and What it Teaches Us* (2012, 2014), London: Penguin; David Eagleman (2011, 2016) *Incognito: The secret lives of the brain*, Edinburgh: Canongate(中文版《躲在我腦中的陌生人：誰在幫我們選擇、決策？誰操縱我們愛戀、生氣，甚至抓狂？》，漫遊者文化，二〇一三年)。想要進一步瞭解專業見解，可參考由 Ran R Hassin、James S Uleman 以及 John A Bargh (二〇〇五年) 編輯成冊的十九篇學術論文：*The New Unconscious*, New York: Oxford University Press。

21 參見 Matthew Walker (2017) *Why We Sleep: The New Science of Sleep and Dreams*, London: Penguin, pp 206-34.(中文版《為什麼要睡覺？：睡出健康與學習力、夢出創意的新科學》，天下文化，二〇一九年)。

22 參見 Nancy C. Andreasen (2005) *The Creative Brain: The Science of Genius*, New York: Penguin, pp 163-4.

23 Wilson，前揭書，頁159-181。

第17章 靠80／20網絡效應成功——資源集中，勝算更大

1 數學算式為：1,000! / (2! × 998!) = 499,500 以及 2,000! / (2! × 1,998!) = 1,999,000。

2 *Silicon Valley Insider*, 31 March 2011，輔以作者本身的計算。

3 Shaomei Wu, Jake M Hoffman, Winter A Mason, and Duncan J Watts (2011), 'Who says what to whom on Twitter', Yahoo Research, http://research.yahoo.com/node/3386, retrieved 28 September 2012.

4 《麥肯錫季刊》(*McKinsey Quarterly*) 對施密特的採訪報導，二〇〇八年九月。

5 Parag Khanna (2016) *Connectography: Mapping the Global Network Revolution*, London: Weidenfeld & Nicolson, p 49. (中文版《連結力：未來版圖——超級城市與全球供應鏈，創造新商業文明，翻轉你的世界觀》，聯經，二〇一六年)

6 同前註，頁 xxii。

7 同前註，插圖三十七下方的說明文字，頁 246-247。

8 同前註。

第 18 章　集中程度向極端傾斜——當 80／20 變 99／1 的網絡商道

1 Marshall W Van Alstyree et al, 'How platforms change strategy', *Harvard Business Review*, April 2016, pp 54-60.

2 Walter Isaacson (2011) *Steve Jobs*, London: Little, Brown, pp 402-3. (中文版《賈伯斯傳》，天下文化，二〇一七年)

3 同前註，頁 403。

4 譯註：聯邦星艦企業號是科幻影集《星艦迷航記》裡的主要星艦。

5 *The Perry Marshall Marketing Letter* (2015), Vol 15, Issue 4, p 11。蒙 www.perrymarshall.com 允許引用。

提摩西‧費里斯的訪談錄

二〇二〇年九月,我參加了《提摩西費里斯秀》,這是一集長達兩個半小時、觀眾群分布很廣的頂尖長播客,我有點擔心要是表現差勁會把面子給丟光。所幸提摩西非常擅長採訪來賓,沒多久我就放鬆下來。過程就像在跟老朋友天南地北、大聊特聊,一不小心就開啟某個有趣的話題。節目主要都在聊我的書,尤其是《80／20法則》這本。提摩西非常大方,同意我將相關的訪談編入本書。當時我們很快就談到了80／20法則,提摩西問我是如何認識帕列托提出的重要觀念,以及它如何在早期改變我的生活⋯

提摩西：理查,歡迎你來上這個節目,實在很榮幸,我們早該邀請你來了。就讓我們從博德利圖書館(Bodleian Library)聊起吧。請你介紹一下那是什麼地方,從頭說起,幫助我們瞭解這本書是怎麼來的。

我：博德利圖書館位於牛津。這棟美輪美奐的建築，離我所屬的學院非常近，我一有空就會到那裡的書庫區坐著，眺望窗外。當然，這裡最棒的一點就是你想得到的書幾乎都有。有一天我心血來潮，想看先前讀過介紹的《政治經濟學講義》（Cours d'économie politique）。這是我們的老朋友帕列托在大概一八九六、九七年，在瑞士洛桑以法語出版的書。

我也不知道怎麼會想要讀，它並不在我的課程閱讀清單上，但我在這本書中發現了80／20法則。如大家所知，帕列托並沒有使用「80／20法則」這個稱呼，而是列出許多代數方程式，呈現十七、十八、十九世紀，英國以及義大利、法國、瑞士等國家的財富分配樣貌。他發現不同人口之間的財富分配情形，在不同國家呈現一樣的模式。

不管換成哪個國家，或在哪個時期，從代數方程式得出的財富分配曲線圖，相似程度都高得驚人——大部分的財富或金錢，實際上掌握在非常少數的人或人口手中。你也許會說：「真是深奧，但不怎麼有趣。」我在那個當下立刻想到：「這對我有用，可以在考試光明正大地作弊了。」

於是我說：「好，我總共要寫十一份報告，每份限時三小時，才能從牛津順利畢業。」你在牛津大學的畢業資格，完全要看期末考，牛津沒有連續的評分系統，學期間沒有其他考試，所以期末考非常非常重要，而我注意到一份考古題試卷上約有五十道題目。我無法想像，每一份考卷都要實際研讀五十道題目，重複十一次。

我心想：「這個80／20法則也許派得上用場，有一些是比較常出現的問題。登愣！我調出最近

二十年的考古題，發現確實如此。經常出現的考題有：法國大革命、俄國革命、第一次世界大戰的起源和導火線等。於是我對自己說：「不需要每個問題都仔細準備，我可以選擇在那三小時，回答三、四道題目。」

作法是，每一份考卷只準備六個主題，把答案背得滾瓜爛熟。我要寫出艱澀的名言佳句，一字不漏地寫出我其實並不理解的外文句子，這樣一來就不需要研讀太多內容，也能以優異成績畢業。我真的辦到了，事後回想：「天啊，帕列托真是個了不起的人！」我就這樣認識了80／20法則，並從此遵循。

提摩西：其實，我覺得最有趣的一點是，我也做過類似的事。我不曉得帕列托是誰，但我在大學時期學會向老師探口風，我知道老師不能直接講出試題，所以我會迂迴地問：「我知道教過的範圍都要準備，但我想請問老師，有沒有哪些部分需要特別準備？」這時老師會很樂意告訴你，類似的效果就達到了。不過我很高興，我們的畢業成績並不完全取決於期末考，那種不成功便成仁的心理壓力，可能會把我擊垮。

提摩西：我在訪談中問道：「在你的職涯中，影響最大的一本書是什麼？」你回答：「是我自己的《80／20法則》，因為它的銷量超過一百萬本，擁有超過三十五種語言的**翻譯版本**。」《80／

我：說來有趣，至少我覺得還挺有趣的。《80／20法則》的起源是我寫的一段「管理大全」（The A to Z of Management）。當時我的編輯亞林（Mark Allin）任職於培生集團（Pearson），後來他跟另一位也在培生任職的編輯一起離開公司，去創業了。另一位編輯名叫伯頓（Richard Burton），兩位都是非常優秀和善的編輯，他們想要幫我出書。亞林說：「你寫的那段『管理大全』基本上談到很多概念。」那段文字寫出我知道的所有管理原則，並且談及舉足輕重的商業理論家、業界議題，介紹商界用語，例如「進行中的工作」（work in progress）代表什麼意思。總之，我寫了半頁關於80／20法則的文字，就到亞林位在柯芬園的辦公室見他。他說：「理查，我想請你寫一本書。」我問：「是什麼？」他說：「你要不要寫一本介紹80／20法則的書？你已經寫了半頁，這個法則看來很重要。你說很重要，我也理解它的重要性，要不要寫成一本書？」

我回答：「不行，我寫不出來，我沒辦法寫出80／20法則的書，我已經用一段話說完了。也許可以擴增成一頁文字吧。要是你拿槍抵著我的頭，我可以寫成一章，但我不可能把它寫成一本書，該寫的都寫完了。」他說：「那可不一定。」後來他決定離開公司，自己成立出版社，就沒有繼續邀我寫書，公司的籌備也出了點問題。於是我去找尼可拉斯布萊利出版社（Nicholas Brealey），我為這間出版社寫了一本的同名發行人尼可拉斯・布萊利，他是個聰明絕頂、親和力十足的人。

書，叫作《沒有管理的管理》（Managing without Management）⋯⋯這個聰明的概念講的是，管理只

是浪費時間，尤其是中層管理，所以沒有管理才是好的管理。

這本書沒有大賣，大約只賣了兩萬本吧，但是對當時的尼可拉斯布萊利出版社來說，已經很好了。我在跟亞林談完之後過沒多久，便去找布萊利談下一本書。他問我：「你有其他寫書的點子了嗎？」我說：「不算有，這是別人跟我提到的點子。如果我真的把書寫出來，他們擁有優先出版權，只是我覺得這個點子沒辦法寫成一本書。」接著，我向他說明什麼是80/20法則。坦白說，說明時間不到六十秒，因為根本沒有太多好說的。他說：「我後腦杓的頭髮都豎起來了。」我說：「什麼意思？」我還以為他在胡言亂語。

他說：「那會是一本暢銷巨作。」我說：「可是⋯⋯好吧，也許是吧。但我要怎麼把它擴增成一本書？」他說：「去做點研究。你提到帕列托這個人，再讀一遍那本書和其他內容，也上網研究一下。」結果網路上有一大堆資料。那時是一九九六年。最後這本書在一九九七年出版。這是網際網路的黃金⋯⋯網際網路開始進入黃金時期。我那時還不會使用網路，就請了一名研究人員，請她：「找出網路上跟80/20法則有關的所有資料。」後來她交給我一整份檔案。

我說⋯⋯我跟她說：「黛安，那都是有關80/20法則的資料？」她說：「對。」我說：「那應該能寫成一本書了。」我開始閱讀這些資料，愈讀愈覺得這是很深刻、很有趣的主題，就這樣開始動筆寫書。我又回去找亞林，問他：「你要出版這本書嗎？」他說：「我們無法出版這本書，我們離開培生集團了，但公司還沒籌備好。」於是我回去找布萊利，他非常高興。後來初稿寫出來，

他非常客氣地告訴我:「我覺得你需要多做一點研究。」我其實覺得很難再多做研究。但我把修改好的第二版交給他之後,他幾乎沒有更動就出版了。那是幫助我好好鍛鍊思考的過程。

我把80／20法則寫成書,最重要的一點是拓展這條法則的範圍。我相信聽眾們都曉得,基本上80／20法則說,當你想要探討銷售額和其他變數,或時間和其他變數之間的關係,通常只有極少數的事件或資料在左右大部分的結果。而當你檢視顧客帶給公司多少利潤,通常只有少數關鍵顧客,由這一小部分顧客貢獻百分之八十的銷售額,甚至帶來超越虧損的額外利潤。你很可能會發現產品也有同樣的情形。這是念過商學院的人都聽過的知名經濟學概念,也就是大家口中的帕列托定律。

我稱這是「80／20法則」,一聽就能瞭解意思。此外,「定律」聽起來給人一種無法撼動的印象,用「法則」來描述恰到好處,這可以說是由我發明的名稱,過去應該沒有人這樣說。有些人說「80／20定律」,有些人說「帕列托定律」。在我看來這是個可以擴大應用的好點子,可以實際用於分析銷售額及獲利。我心想:「既然如此,何不將80／20法則應用於其他領域?好比生活。」

於是我開始醉心研究投入時間與成果的關聯,從這一小步開始擴大。基本上,我想告訴大家:「這套理論……80／20法則並非支配一切的道理,而是觀察得來的現象。」

當你提出一項假設,要盡可能運用資料來驗證假設是否成立,但有些問題比較主觀、難以精準地量化。此時你得透過觀察,來判斷假設是否真的成立。你可以說:「基本上,對所有人來說都

是如此⋯⋯百分之八十的成果，很可能來自你投入的百分之二十的時間。既然如此，你做了什麼有價值的事？」我想，上班族大都會說：「開發新產品、說服顧客下一筆大訂單、寫出優秀文案，或是建置網站，諸如此類的事。」我告訴他們：「好，那你要多做那件事，減少其他業務。」

我說，你要做價值高出許多的事，可以做半天、休息半天。也可以一週做兩天，其他日子休息。如果你想繼續工作，多做一些也無妨。但是如帕金森（Cyril Northcote Parkinson）所說，工作會不斷膨脹，直到填滿所有可用時間；而不論公司，還是自己的金錢，開銷都會不斷膨脹，直到消耗掉所有可用的預算。有一次我無意間聽到，你訪問的來賓聊到華爾街的有趣現象⋯⋯大概是在一九八〇年代吧？我不太清楚⋯⋯基本上，他說，當時華爾街的人對賺大錢習以為常，所得水準非常高，開銷也居高不下。

除了那位來賓之外，許多人落入了陷阱，以至於不得不為所羅門兄弟（Salomon Brothers）或高盛（Goldman Sachs）這樣的公司拚命工作。一段時間過後，他們無法從中抽身，因為不管是太太，還是先生自己的生活品味，都要靠高薪來支撐。他們需要五十萬美元的年薪來滿足生活開銷。

所以，我也告訴大家：「讓我們把這條法則運用到個人生活上。既然工作時間很重要，其他時間應該也很重要。也許快樂主要來自一小部分的時間利用。你在什麼時候獲得成就感，你感覺不到時間的流逝，覺得這麼做很棒，不知不覺一個晚上就過去了？有可能是打撲克牌、跟朋友聊天、讀一些令人興奮的東西、去看場電影之類的。你最快樂的時光是什麼時候？請讓那些時間以

我說：「這也可以運用在交朋友上。80／20法則假設，你從人際關係得到的滿足感，有百分之八十來自與你往來的百分之二十的人。聽起來不怎麼舒服，但這千真萬確。我聊天時發現，人們經常把時間花在自己不是很喜歡的人身上。顯然有時就是你的老闆，那實在很慘。換個老闆或公司，會好上許多。但有些時候，你的另一半就是很喜歡那些跟你不對盤的人，你不得不花很多時間跟你不喜歡的鄰居、對象或姻親相處，無法去做你真正想做的事。」

所以我告訴人們：「你要在這件事情上更無情一點。」這就是快樂那一章的由來。最近，我又把這一章重讀一遍，寫得還真是不錯。它把有點晦澀難解、老舊的經濟學理，嘗試拓展到生活的其他領域。我發明了快樂群島的概念。快樂群島是生活中的一部分，但不太會是主要的部分，卻能帶給你極大的滿足感。我說：「我們要在快樂群島上生活，試著把快樂群島變成快樂大陸。假如你特別喜歡某項工作，請試試看，能不能所有時間只做那項工作。」

這在許多方面都類似**心流**的概念。名字很難念的契克森米哈伊（Mihaly Csikszentmihalyi）寫了幾本介紹心流的書。心流可以用簡單總結。我說過80／20法則可以用一頁文字寫完，我認為「心流」也可以用一頁寫完。但這仍是很棒的概念。它用較為深奧的方式，講出我想要傳達的概念。

然後，我的這本書還談到了金錢和其他內容，將重新詮釋過的80／20法則運用於商業，以及個人生活。書中所講的都是一些實用的內容，可以實際派上用場，對吧？

提摩西：我就是這樣做，真的。基於你剛才提到的，以及諸多其他原因，我一直把你的《80／20法則》封面朝外放在書架上，時時提醒自己。

承蒙提摩西・費里斯慨允摘錄本文（©Tim Ferriss 2020-https://tim.blog/2020/09/29/richard-koch-transcript/）。

謝辭

首先,感謝最早有意出版本書的亞林。

第二要感謝為本書貢獻各種想法的布萊利,衷心希望這本書沒有辜負他的心血!根據第十四章曼斯坦的理論,像布萊利這樣聰明、勤奮的人,不會像那些聰明而懶惰的人那麼成功。我的想法是,如果布萊利想要成為真正的明星,就得大量減少工作。如果他只出版一半的書,把心力全部花在這些書籍上,他會賺進更多的錢。

莎莉‧楊(Sally Landsdell Yeung)是「第三位」共同為本書的架構與文字增色的人士。她是一位名副其實的優秀發行人。

接下來,要感謝為本書蒐集資料的尼克‧歐斯特林克(Nick Oosterlinck),他用心整理出一八九七年至一九九七年間80／20法則的發展歷史。我現在跟他失去聯絡了。如果他來找我,我會開心地送上香檳。

還要感謝帕列托開啟了這一切，以及感謝朱蘭、吉普夫、克魯曼，與一九六〇年代將80／20法則發揚光大的IBM無名英雄。感謝許多來自各行各業、不同領域，在雜誌期刊上撰文討論80／20法則的人士，我大量引用了這些文章，證明這是一條實用的法則。我已經盡可能將文章出處載明，若有遺漏，敬請見諒並不吝告知，以利再版修正。特別感謝英國伯明翰大學商學院的管理經濟學與商業策略講師大衛・帕克（David Parker）將混沌理論用於商業策略的研究，我借用了許多他提出的真知灼見。

每個信仰堅定的人，都需要值得信賴的懷疑論者。派翠克・威佛（Patrick Weaver）和李・鄧普希（Lee Dempsey）稱職地扮演了這個角色，非常感謝他們。

最後，由衷感謝無私推薦本書的紐約時報暢銷書冠軍作者，最受歡迎、最優秀的長播客《提摩西費里斯秀》的明星主持人——提摩西・費里斯。謝謝他邀請沒沒無聞的我上節目談80／20法則、賭博的藝術和許多其他話題。提摩西在他的暢銷書《一週工作4小時》（The 4-Hour Workweek）提及80／20法則，並四處宣揚各位讀者手中（或你曾聽過）的這本書。為什麼呢？因為他相信這本書能幫助你，甚至引導你去過他所說的「以結果為導向的生活」（results-based living）。前提是，你要讀過並實際應用。既然全世界有數百萬人正在這麼做，這個世界將有可能成為一個更棒、更快樂的地方。一切由你作主！謝謝你閱讀我的書，願你擁有更精彩、充實的人生。

國家圖書館出版品預行編目資料

80/20法則：21世紀工作與生活中,避無可避的核心求生法／理查‧柯克(Richard Koch)著；謝綺容, 趙盛慈譯. -- 五版. -- 臺北市：大塊文化出版股份有限公司, 2025.05
416面；14.8×21公分. --（touch；8）
精修完整版
譯自：The 80/20 principle : achieve more with less: the proven way to vastly increase productivity, effectiveness and success
ISBN 978-626-7594-89-6（平裝）

1. CST：工作效率　2. CST：職場成功法

494.01　　　　　　　　　　　　　　114003780

LOCUS

LOCUS

LOCUS

LOCUS